| 全景手绘版 |

孩子读得懂的
科学简史

◎ 李朝晖　李雨轩　著　◎ 武丽霞　绘

U0234492

北京理工大学出版社
BEIJING INSTITUTE OF TECHNOLOGY PRESS

目 录

1 给人类带来温暖和光明的火

当古猿从树上下来，蹒跚着迈出第一步时，他们的前方并不是一片坦途。在这个世界上，有很多远比古猿更强大的物种：古猿灵巧的双手可以抓住树枝、石块作为武器，可这点优势在恐猫、剑齿虎等大型猛兽的力量面前不堪一击；直立行走让他们可以看得更远，但发现了又怎样？它们的速度完全不能与羚羊和野兔相比。早期的古猿只能靠着采集野果、捕猎或跟在猛兽后面捡猎物生存，在弱肉强食的世界里，古猿只能算个中型捕食者，在各种大型猛兽的威胁下勉强生存。

这还不是最恐怖的，最恐怖的是夜晚，奔波了一天的古猿还要提防夜行动物的侵扰，毛发的褪去也让古猿们在寒冷的夜晚瑟瑟发抖。无助又弱小的古猿急需一面防护盾来保驾护航。

这面防护盾就是火。

恐猫身长2米，体重190千克，有短刀状的剑齿，是古猿的天敌。

去更远的地方

捕获猎物

吓退野兽

刀耕火种

从树上下来的古猿

采集野果

古猿跑动速度慢，没有尖锐的牙齿和爪子，和其他动物比起来处于劣势。

伐木

篝火取暖

熟食更容易消化，有助于减少肠胃消化过程中消耗的热量，留出更多的热量给大脑。

制作工具

火的使用，意味着人类开始借助自然界的力量改变生存条件，可以说是人类科技史的开端。从此以后，人类尝试突破自身条件的限制，直面自然界的挑战，开始改变世界。

雷击起火
雷击造成的天然大火，让所有的动物惊恐不已，包括原始人。只有在克服了对火的恐惧之后，原始人才可以利用火。

击石取火
敲击燧石产生的火星可以引燃干草，这可能是原始人在制作打制石器时偶然学会的取火方法

脑容量 +10
健康值 +10

保存火种

钻木取火
用削尖的木棍去钻一块木头，利用摩擦生热来产生火花的取火方法。传说中，燧人氏"教民钻木取火"，使人们不再依赖天然火取得火种。

❶ 火可以取暖。这对毛发开始退化的原始人非常重要，火可以帮助原始人抵挡寒冷的侵袭。

❷ 火可以驱赶野兽。就算是一个原始人小孩，也可以拿着火把吓退猛兽。

❸ 火可以烤熟食物。经过火的"洗礼"，食物中的细菌和寄生虫大部分都被杀死了，这保障了原始人的健康。

❹ 火可以烧制陶器。器皿经过火烧之后，会变得坚固且不易透水，这也是早期化学应用的开端。

❺ 刀耕火种。将砍伐的树木晒干后焚烧，灰烬埋入土中可以提高土壤肥力。

掌握了取火的技术，原始人就可以抵御猛兽的袭击和夜行动物的侵扰，算是有了安身立命的基础。不过，帮他们称霸地球，站到食物链顶端的是另一种强有力的武器，那就是弓箭。

那时候的人类刚刚褪去了覆盖全身的毛发，散热能力大大增强，可以通过长途奔袭来获取猎物。然而，因为直立行走，人类的奔跑速度远远比不上四足动物，更不用说翱翔天空的鸟类了，往往奔跑了一天却空手而归，捕猎的效率很低。

2 让人类站到食物链顶端的弓箭

上帝关上一扇门的同时往往会打开一扇窗。虽然直立行走限制了原始人的奔跑速度，但是解放了他们的双手。聪明的原始人学会用灵巧的双手投掷石块来打击猎物，又发明了投枪，这让原始人的捕猎效率提高了许多。

不管是石块还是投枪都是在用原始人本身的力气，不能扔得很远，因此也只能在猎物附近才能发挥作用。于是，大约在7万到3万年前，人类发明了弓箭。

弓箭简直就是原始人的高科技产品，可以说，有了弓箭之后，人类就站在了食物链的顶端，成了地球的霸主。

> **拓展**
>
> 最早的弓箭可能诞生于旧石器时代的晚期，随后被带到了世界各地。有意思的是，澳大利亚原住民很晚才学会制作弓箭，这可能和澳大利亚没有大型凶猛动物有关。

原始人的弓箭并没有现在的弓箭精巧，但是已经具备弓箭的基本特征。箭有箭头，不过箭头并不是现在的金属箭头，而是尖锐的石块。要想把石块和箭杆结合在一起，则需要黏合剂，这算是原始人对化学的朦胧认识吧。而利用弓箭的弹性来增加力量，这算是原始人对力学的初步感知。

弓由有弹性的弓臂和有韧性的弓弦组成。

箭由箭头、箭杆和箭羽三部分组成。

火可以说是人类利用自然的力量，而弓箭则是人类用自己的智慧制造出的强大工具。

首先，弓箭的射速非常快，不要说在地面上奔跑的动物，就是翱翔在空中的飞鸟面对弓箭也无可奈何。

其次，弓箭可以在远处攻击猎物。面对凶猛的狮子、老虎，如果是用石块、投枪，原始人则要特别提防猛兽的尖牙利爪。而有了弓箭则不同了，在猛兽的攻击范围之外，原始人也可以从容地瞄准，射杀猛兽。

弓箭不只用在捕猎上，后来还运用到战争中。人们还在弓的基础上研制出杀伤力更大的弩。在近代火枪出现之前，弓箭可以说是战场上应用最广泛的射击武器之一。

现在，弓箭已经不再是战争舞台上的主角，而成了一种很多人喜爱的体育运动。

3 小小种子的力量

幼苗

在万物生长的春季，一颗颗幼小的种子从泥土里顽强地探出了头。种子的生命力是顽强的，力量也是惊人的。可以说，由种子带来的农业革命曾经改变了人类的历史。

当古猿刚从原始森林中走出来时，为了生存，他们每天最重要的活动就是渔猎和采摘植物的种子、果实，只是那时候采集的都是野生植物的种子和果实，并不能满足人类生存的需要，人类不得不开动脑筋想办法。

在人类漫长的农业实践中，始终伴随着对于各种作物种子的探索。

农业起源于世界的不同地区，各个地区都有自己的特色农作物。

水稻　小米

早在公元前11500年左右，人类就已经开始种植水稻了，中国是世界上最早栽培水稻和小米的国家之一。

小麦

公元前9500年前后，中东地区的人们种起了小麦。

马铃薯

公元前8000年前后，南美洲的人们开始栽培马铃薯等作物。

玉米

公元前4000年前后，中美洲南部的人们把野生的墨西哥类蜀黍培育成了玉米。

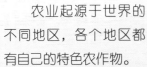

用树木和干草搭房子

喂猪

养鸡

脱粒

碾磨去壳

老人在照顾孩童

粮仓

小小种子催生的灿烂文明

机缘巧合之下，人们发现种子可以种植，因为要等待农作物成熟，于是人类开始定居。有了房子，就不必再害怕野兽的攻击，不用担心风吹雨淋。农作物的产量稳定，人类告别了饥一顿、饱一顿的生活，也可以腾出更多的时间去发展手工业、照顾孩童。这还都不是最重要的，最重要的是人类可以安定下来创造属于自己的文明。

正是因为农耕文明的到来，才有了后来雄伟的金字塔，才有了巍峨绵延的长城，才可以有今天的火箭、卫星。可以说，人类灿烂的文明都是从当初那一粒粒小小的种子萌发出来的。

究竟是植物养育了人类，还是人类改变了植物？

其实这是一个双向的选择。

农作物的生长需要肥沃的土地和适宜的环境，大自然并不能完全满足条件，这就需要人类来开垦良田，引水灌溉，除草施肥……可以说，要不是人类，水稻、小麦这些农作物只是遍地杂草中的一员。农作物满足了人类的温饱需求，而人类则大大拓展了这些农作物的生存范围。

农业种植催生的发明

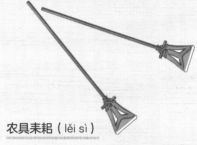

农具耒耜（lěi sì）

耒耜是古代耕地翻土用的农具，耒耜的发明大大提高了翻地效率。

铁犁牛耕

畜力和铁器农具的结合，极大地节省了劳动力。

水利工程

都江堰等水利工程有效提高了农田灌溉和排水的效率，大大改善了作物生长的条件。

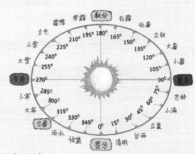

天文历法

在农业生产实践中不断积累起来的天文历法知识又反过来为农业生产服务。

4 冶金术让人类有了更好用的锅

学会种植之后，人类又面临着一个新的问题，那就是如何把粮食变成食物。

要知道，把稻米煮成一锅香喷喷的大米饭或者粥，不仅需要火，还需要容器。取火的技术人类已经掌握了，可是"锅"在哪里呢？

石锅

当然可以用石头磨制石锅、石碗，不过石锅磨制起来可不容易，而且石锅太笨重了。还有很重要的一点，就是石头在火上烧烤容易碎裂。好不容易磨出来一个石锅，做不了几顿饭就碎成了一堆，这有点得不偿失。

> 又废了一个，新的还没磨好。

陶釜

为了解决这一难题，聪明的人类发明了陶器。早在原始人刚学会用火之后，就发现黏土经过火烧之后会变坚硬，要是把黏土捏成一定的形状再烧制，就能制成生活中有用的锅碗瓢盆、坛坛罐罐了。

陶器的出现是人类的一大进步，不过比起下一个进步来就有些相形见绌了，这个大进步就是金属器具的制造。

金属锅隆重登场

提起金属，人们并不陌生，在自然界中，有很多天然金属，比如黄金。不过黄金对还没解决温饱问题的原始人来说并没有多大用处，因为黄金很软，而制作工具需要的是坚硬的金属，而这时熔点比较低的铜就登场了。

铜锅

金锅

两河流域的苏美尔人是第一个掌握冶金术的民族。

> 制陶的黏土中掺杂着一些红铜原石，无意中混入了土窑烧制，铜制品就这样偶然地被发现了。

④烧制
③晾干
②制坯
①和黏土
⑤使用

拓展

掌握冶金术的重要条件：

❶ 温度。需要用高温熔化矿石，把金属提炼出来。

❷ 运气。要是哪个文明的发源地恰好没有金属矿，那么这个文明可能就不能顺利掌握冶金术了。

中国是世界上最早掌握冶金术的国家之一。在掌握了炼铜技术之后，人们逐渐摸索出了在铜中添加锡、铅或砷（shēn）等炼制铜合金的方法以及冶铁的技术。金属制品从工具到农具，从兵器到礼器，从生活用品到装饰品，存在于人们生活的方方面面。中国还创造出了灿烂辉煌的青铜文化。

乐器

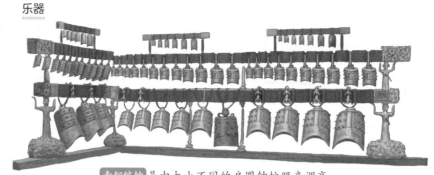

青铜编钟 是由大小不同的扁圆钟按照音调高低的次序排列起来的青铜打击乐器。

礼器

后母戊大方鼎

我们熟悉的青铜鼎是一种铜锡合金，早期是一种炊具，后来演变成祭祀用的礼器，成为权力的象征。

炊具

圆鼎

食器

青铜食器一般是王公贵族宴饮时招待宾客用的，是身份的象征。

农具

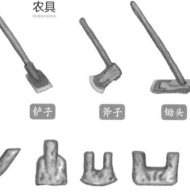

犁铧（huá）　铲子　斧子　锄头

金属农具提高了种植的效率。

 拓展

新铸造的青铜是金灿灿的，也被称作"吉金"，用久了就会产生青绿色的铜锈，出土的青铜器更是绿锈斑斑，这是它今天得名"青铜"的原因。

饰品

匈奴金冠

钱币

依照铲子和刀的形状铸造的 布币 、 刀币 以及 圆形方孔钱 。

兵器

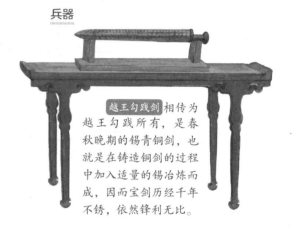

越王勾践剑 相传为越王勾践所有，是春秋晚期的锡青铜剑，也就是在铸造铜剑的过程中加入适量的锡冶炼而成，因而宝剑历经千年不锈，依然锋利无比。

杂器

青铜鎏（liú）金灯具 长信宫灯 。

冶金术让猎户打猎有了金属箭头，农人有了金属农具，还创造出灿烂的青铜文化、铁器文化，使人类文明走上了快车道。而那些没有掌握冶金术的文明，则被时代远远地抛在了后面，因为冶金术的发展将带来下一个重大的科技发明，那就是轮子。

5 车子和帆船，使人们走得更远

轮子可以说是我们日常生活中最常见的古老发明了。自行车、汽车、火车都有轮子，就连飞机也离不开轮子，轮子是人类科技史上最重要的发明之一。

轮子的雏形

轮子的萌芽其实产生得很早，早在原始社会人们就会用圆木和橇搬运东西了，这大概就是轮子的雏形。古埃及人修建金字塔时，也曾用圆木垫在下面来运输巨大的石块，圆木滚动可以将滑动摩擦转变为滚动摩擦，摩擦力大大降低，就可以节省力气了。

原始社会的人们用滚木和橇运输东西。

轮子与金属工具

真正的轮子出现还需要借助冶金术。

轮子一般是用硬木制成的，如果没有坚硬的金属工具，比如斧头、锛（bēn）子和凿子等，很难把硬木修得圆整。粗糙的接触面会增加轮子与地面的摩擦力，让运输很费力。

人们驯化了马、牛、驴，掌握了冶金术后，有了趁手的工具，开始造原始的车了。

公共交通系统

有了轮子，也有了驯化的马、牛、驴等畜力，车这种运输和代步工具就慢慢普及了，人们的长途迁徙也更加方便，慢慢地就形成了公共交通系统。

"条条大路通罗马"，原本说的就是古罗马帝国发达的公共交通系统。而秦始皇统一六国后实行"车同轨"和修驰道，就是建造发达的公共交通系统必需的一步。

发达的公共交通系统，可以促进各地区人们的交流，还能让人们生活得更好。这个观点一直延续至今，所以就有了"要想富，先修路"的说法。

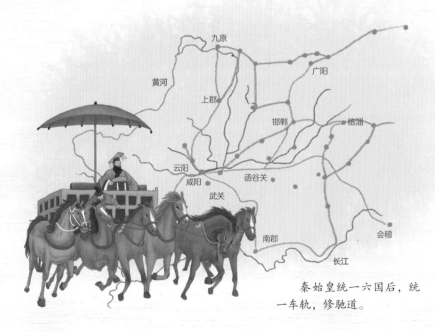

秦始皇统一六国后，统一车轨，修驰道。

浪漫的船

而水上交通工具的历史也同样悠久，早在原始社会，人们就知道抱着圆木过河了。

在春秋战国时期，人们就知道怎么制作木筏了。孔子曾说过，"道不行，乘桴浮于海"，这个"桴"就是木筏。不过想要真正泛舟游于海上，木筏可不一定做得到。

风和帆

因为摇橹太费力了，人们又想到了借助风和帆的力量。

在公元前3000多年的古埃及陶器上就有了帆船的图像，不过那时候的帆船用的是四角帆，只能顺风而行。后来，阿拉伯人发明了三角帆，在逆风时也能通过调整船的方向和帆的角度来实现逆风前行。人类借帆船真正实现了纵横四海，也因此流传下来许多航海的故事。

哥伦布到达美洲

15世纪，欧洲的船队凭借先进的帆船出现在世界各处的海洋上，开启了轰轰烈烈的大航海时代。而当哥伦布等人踏上新大陆的时候，却发现那里的印第安人还在用背篓和拖车搬运物品，用独木舟渡河，文明程度还停留在原始时期。

车子让人类走遍天涯，帆船让人类踏遍海角。更重要的是，如果没有车子和帆船，人类就会被固定在各自的地域之内，缺少交流和思想碰撞。而科技则需要人们交流才能更快发展。

郑和的宝船

1405年至1433年间，郑和七次下西洋，宣扬国威。郑和的船队是当时世界上最强大的船队，可以说是古代造船技术的巅峰。

渔船

货车

宝船

商船

马车

货郎

独轮车

6 造纸术促进知识快速传播

人类通过长期的实践学会了很多技能，可是人类怎样才能把这些技能传承下去呢？当然可以靠语言口口相传，不过语言也有弱点，人的记忆有时会出错，掌握技能的人也可能突然死亡。在这种情况下，文字就发挥巨大的作用了。

早期的文字载体

世界上最早的文字诞生在两河流域，是由苏美尔人创造的楔形文字，这是最早的象形文字。几百年后，古埃及人也发明了自己的象形文字。中国最早的文字一般认为是产生于殷商时期的甲骨文。除这些象形文字外，古人还发明了音节文字和字母文字。

有了这些文字，就可以把知识系统地记录并保存下来。文字的出现是人类社会的一大创举，也被认为是人类进入文明社会的重要标志。有了记录和保存知识的文字，可是在哪里书写又成了一个大问题。

来看看各个地区的人们是怎么解决这个问题的吧。

苏美尔人把楔（xiē）形文字刻在了泥板上。

印度人将文字写在了树叶上。

埃及人用产自尼罗河两岸的莎（suō）草造纸来记录文字。

有些重要的典籍，干脆就刻在了石头上，比如古巴比伦的汉穆拉比法典，还有在罗塞塔城发现的石碑。

造纸术出现以前中国的书写载体

而中国人的文字记录载体早期是龟甲、兽骨、青铜器，后来又有了相对比较方便的竹简。

然而，以上这些书写工具都太笨重了，不利于知识的传播，这就急需一种轻便易得的书写工具来完成书写。中国人完美地解决了这一问题。

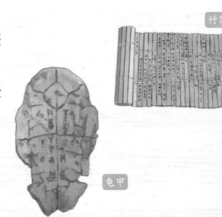

④浸灰水 ⑤蒸煮 ⑨晒纸 ⑩揭纸

造纸术的发明和改进

西汉时期，中国就已经有了纸张，不过那时候的纸张质量粗糙、成本高，产量还低，并不能"飞入寻常百姓家"。

公元 105 年，蔡伦改进了造纸术，他用树皮、麻头、破布和渔网等为原料，通过新工艺使得造纸的成本大大下降，而且纸张的质量也提高了很多。又由于造纸的原料容易得到，很快纸张的使用就推广开来。

在公元 3—4 世纪，纸张就取代了竹简成为中国当时最主流的书写载体。唐代时开始用竹子造纸，这标志着造纸技术的成熟，纸张的质量也大大提高。随着壁纸、画纸的出现，纸张成了日常的生活用品。

造纸术的传播

4 世纪时，造纸术传播到了今天的朝鲜；7 世纪时，传播到了日本；8 世纪时，传播到了阿拉伯地区；12 世纪时，欧洲人和非洲人从阿拉伯人那里学到了造纸术；13 世纪时，传入印度；而美洲直到 16 世纪末才有了造纸厂；相对闭塞的大洋洲人，19 世纪时才掌握造纸术。

造纸术是中国对世界做出的重大贡献，造纸术的发明使得文化知识得以迅速传播，使得人类文明得以迅速发展，对社会的进步和发展起到了重要的推动作用。今天机械化生产的造纸方法也是在传统造纸术的基础上发展而来的，只不过效率更高。由此可见，中国古代的劳动人民是多么伟大。

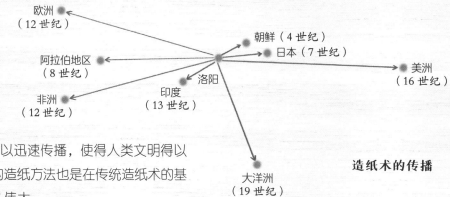

欧洲（12 世纪）　朝鲜（4 世纪）　日本（7 世纪）　美洲（16 世纪）　阿拉伯地区（8 世纪）　洛阳　非洲（12 世纪）　印度（13 世纪）　大洋洲（19 世纪）

造纸术的传播

1 大败罗马大军的小杠杆

关于阿基米德借助科学力量保卫叙拉古的传说是这样的：

公元前216年，庞大的罗马军队包围了位于西西里岛的古城叙拉古，也就是阿基米德的故乡。要是真被罗马军队占领了，那对叙拉古来说就是灭顶之灾，但叙拉古人却并不担心，这并不是因为他们作战有多勇猛，而是他们有阿基米德。

相传，他带领妇女和孩子们拿着镜子把阳光反射到罗马战船的船帆上聚焦，点燃了罗马战船。

相传，他还发明了投石机，可以把巨大的石头砸向罗马舰队；发明了一种巨大的机械手臂，利用杠杆原理可以把罗马战舰吊到半空中，然后摔碎。

依靠阿基米德的智慧，叙拉古人打退了罗马舰队的一次次进攻，就连罗马将军也无奈地承认"这是整个罗马舰队和阿基米德一个人的战争"，并称阿基米德是"神话中的百足巨人"。

这些可能是传说，有夸大的成分，但杠杆原理确实极大地推动了人类科技的进步。

杠杆原理，是用很小的力气来移动很重的东西，是以小博大的典范。相传，古埃及人修建金字塔时除了用到圆木外，还采用杠杆来抬起重物，不过那时人们并不知道它的原理。

杠杆原理也叫"杠杆平衡条件"。要实现杠杆平衡，作用于杠杆上的两个力需要达到以下条件：动力 × 动力臂 = 阻力 × 阻力臂。当动力臂长于阻力臂时，可以节省力气，就是"省力杠杆"，反之则是"费力杠杆"，费力杠杆虽然不能省力却能省距离，二者各有所长。

阿基米德小档案：

阿基米德，人类历史上伟大的天才科学家之一。人们也称他"力学之父"，将他和高斯、牛顿两位大科学家合称"世界三大数学家"。

然而，他也仅仅是个科学家，既不是如阿喀琉斯一般以一敌万的无敌勇士，也不是如诸葛亮一般运筹帷幄、决胜千里的军师，那么他是用什么来抵挡罗马大军的呢？

因为他有秘密武器——科学。

科学

在我们的生活中也有许多杠杆原理的应用：

跷跷板

一个大人的体重要远超过一个小孩，在跷跷板上小孩却可以把大人翘起来，这就是借助了杠杆原理。只要小孩的体重跟她与跷跷板中心的距离的乘积大于大人体重跟她与跷跷板中心的距离的乘积，小孩就可以把大人翘起来。

起子

如果让我们徒手把啤酒瓶盖打开，可能有点困难，但是如果有一个起子，就可以轻松搞定。起子延长了动力臂，构成一个省力杠杆。

钓竿

钓竿则是一个费力杠杆，它的作用是节省距离。人的力气比鱼大多了，钓鱼时就不必再省力了。鱼上钩后，手握钓竿轻轻一抖，移动小小一段距离，鱼就被从水面提起，滑过一段长长的弧线，在鱼还来不及反应的时候就脱离了水面，成了人的猎物。

投石机

阿基米德式螺旋提水器

镜子

巨大的机械手臂

杠杆原理对人类的贡献非常大，最重要的是这是人类第一次在了解了一个原理之后有了广泛的应用，这是人类的智慧之光。从杠杆原理开始，人类不再在黑暗中摸索，而是以智慧为明灯，昂首阔步走在了科技的大路上。

8 印刷术的发展

其实从"印刷"这两个字就可以看出印刷术的起源，印就是印章，刷就是"捶拓（tà）之法"中的刷墨。

印刷术的发明是人类历史上最伟大的发明之一，也是中华民族对世界的重大贡献。正是有了印刷术，书籍的价格变得低廉，书籍不再是贵族富户的专享，每个人都有机会接触到书籍，知识才被迅速广泛地传播开来。

先秦的印章

【1】印刷对中国人来说并不陌生，我们在先秦时就有了印章，蘸上印泥留下印迹，这大概就是最早的印刷品。

熹平石经

【2】汉代为了推广儒家经典，在太学门前竖起了 46 块刻满文字的石碑，这就是著名的"熹平石经"。石经的本意是让学生们抄写学习，可有聪明的学生就用"捶拓之法"把石碑上的文字轻易取走了。不过，这样的方式，知识传播的范围也很有限。

🔍➤ 拓展 ◄

捶拓之法

捶拓之法就是把一张浸湿的纸覆盖在石碑上，用刷子轻轻敲打，使得纸和凹进去的文字完全吻合，等纸张晾干后，再用刷子均匀地在纸上刷一层墨，这样就得到了一张和石碑内容完全一样的拓片。

🔍➤ 拓展 ◄

东汉时著名的军事家、外交家班超就曾因为家里穷做过抄书人。要想当抄书人也不简单，不但要认字，还得写字好看，因此书法就成了一种时尚，两晋时还出现了大批优秀的书法家。

抄书的书生

【3】随着纸张的发明与改进，人们的书写方便了很多，但是读书人的需求还是不能被满足。因为在印刷术发明以前，读书人通常是通过手抄来传阅典籍的，速度非常慢。

手抄书费时、费事，还极容易抄错，一不小心就会给文化传播带来灾难。

雕版印刷术

〔4〕唐代时，中国人就已经发明了印刷术。早期的印刷术是雕版印刷术，也就是把文字和图像雕刻在木板上，再用拓印的方法操作。和石碑上凹进去的字不同的是，木板上的字是凸出来的，也就是阳文。

这样的印刷术虽然可以批量印制了，但每印一本书都要刻一套木板，刻版本身就是一项繁重的工作，要是不小心刻错了一个字，整块雕版就可能要作废。如何保存这些刻出来的木板也是个大问题。看来，雕版印刷术还是不够完善啊。

〔5〕到了宋代，毕昇发明了活字印刷术，把印刷方法向前推进了一大步。

毕昇用胶泥做了很多方块，在方块上刻不同的文字，再像制陶一样用火烧，就有了很多单体的泥活字。平时把泥活字收在木格子里，需要排版时就把一个个的泥活字挑出来，排定版型，然后就可以印刷了。这样一来，只需要制作几千个泥活字就可以印刷几乎所有的书籍。即便出现了错字或少字，也只需要烧制单个泥活字就可以了。活字印刷避免了雕版印刷繁重的刻版工作，还便于保存，极大地提高了印刷效率。

① 胶泥做字块 ② 火烧定型 ③ 把泥活字放入格子
④ 挑字 ⑤ 刷墨

活字印刷术 ⑥ 覆纸 ⑦ 轻扫 ⑧ 装订成册

谷登堡铅活字印刷机

〔6〕在毕昇发明活字印刷术400年后，德国人谷登堡发明了铅活字印刷机，它是在泥活字的基础上发展而来的，但更加便捷、高效。铅活字印刷机的问世，使世界范围内印刷技术的发展有了质的飞跃。

〔7〕现在，我们已经进入信息时代，计算机也被应用到了印刷行业，印刷术焕发出新的生机。这一切都起源于当初中国人那一枚枚精美的印章、汉代太学门口的熹平石经，还有毕昇的泥活字。

现代四色印刷机

⑨ 辨别方向的指南工具

相传，黄帝战蚩尤时，蚩尤制造出漫天大雾，让黄帝的军队迷失了方向。黄帝就造出了指南车为士兵指引方向，最后战败了蚩尤。这就是最早的关于指示方向的工具的传说。

这可能仅仅是传说，毕竟黄帝战蚩尤的年代太久远，当时连出现战车的可能性都不大，而且指南车靠的是齿轮差动来指引方向，即便放到现在也是一项复杂技术。

你知道古人是如何玩转磁石的吗？

真正制造出可以指引方向的工具是在人们认识磁铁之后。

❶ 早在《吕氏春秋》中就有磁石吸铁的记载，在汉代时人们还发现了磁铁同性相斥、异性相吸的现象。

❷ 在对磁石的认识过程中，古人还发现磁石具有指向性，将天然磁石磨成勺子形状放在光滑的平面上，转动勺子，勺子停下来时柄所指方向就是南方，因而得名司南。

❸ 到了宋代，人们还掌握了人工磁化的技术，先后发明了指南鱼和指南针等工具。之前的司南是用磁性物质磨制而成的，而现在只需要把铁片鱼或钢针用磁性物质磁化后放到水中就可以指示方向了。

《梦溪笔谈》中记载了 4 种使用磁针的方法，分别是放到水中、指甲上、碗口或者吊起来，非常方便。

指南鱼

水浮法

将磁针上穿几根灯芯草，将其浮在水面，就可以指示方向。

碗唇旋定法
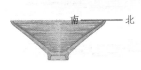
将磁针搁在碗口边缘，磁针可以自由旋转，指示方向。

指甲旋定法

把磁针搁在手指甲上面，由于指甲面光滑，磁针可以旋转自如，指示方向。

缕悬法

在磁针中部涂一些蜡，粘上一根蚕丝，挂在没有风的地方，就可以指示方向了。

❹ 指南针的精度要远远高于司南，可问题也随之出现了。人们发现指南针的方向并不指向正南正北，这是由于地球的磁极和地理方向并不完全重合造成的，也就是存在磁偏角。既然发现了偏差，那就要想办法修正，于是罗盘就出现了。

罗盘由位于盘中央的磁针和标有方向的分度盘组成，可以旋动分度盘进行磁偏角校正，这样就可以确定精确的方向了。

为什么磁石可以指示方向呢？

我们可以做一个简单的实验。

在磁铁周围撒满铁屑，我们会看到铁屑在磁铁周围围成了一圈圈的闭合曲线，这一圈圈的闭合曲线就叫作磁力线。

磁性物体都有磁极，在一个有强大磁力的物体周围，小的磁体的南北两极就会按照磁力线分别指向大磁体的南北两极。地球就是一个巨大的磁体，地球磁场的北极恰好在地球的南方，南极恰好在地球的北方。要是磨制出一些小磁体，那么这些小磁体就会按照磁力线的方向指示，也就有了指示方向的作用。

这就是指南针能指示方向的原理，当时的人们并不知道这一原理，但这不妨碍中国人制造出指南针。

在磁铁周围有磁力线，用铁屑就可以看到磁力线的形状。

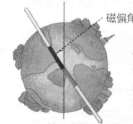

地磁南极　地理北极
磁偏角
地理南极　地磁北极

地球本身就是一块大磁铁，地球表面的磁铁也依照磁力线排列，地球的两极方向恰好和磁极方向相反。这样，磁铁就能指示方向了。

指南针和罗盘的应用

指南针和罗盘在陆地上的作用不是很大，毕竟除了太阳和星星，在陆地上还可以通过山脉的走势、树冠的形状等来判断方向。但是到了海上就不同了，在阴云密布的夜晚，船员是很难判断方向的。也正是因为如此，早期的航海通常靠近海岸活动，即便分不清方向，也可以根据海岸走向航行。而有了指南针后，人类就可以深入海洋腹地了。

从宋代开始，指南针被广泛应用在航海上，郑和下西洋也是多亏了一路上有罗盘指引方向。

指南针和罗盘还传到了阿拉伯地区，又通过阿拉伯人传到了欧洲，这才有了波澜壮阔的大航海时代，才有了发现新大陆的故事。指南针就像指路的明灯，带领人类走遍天涯海角。

10 威力巨大的火药

"爆竹声中一岁除，春风送暖入屠苏"，这是宋代诗人王安石描绘的春节时的欢乐景象。从诗里可以看出，当时爆竹已经非常流行了，而制作爆竹就需要火药。火药的得来可以说是一个意外之喜。

意外得来的火药

火药起源于炼丹术，炼丹是为了长生不老，现在看来当然是无稽之谈，可是在古代却很流行。

有……有毒！

❶ 丹药其实就是矿物和药物合成的小药丸，通常会含有对人体有害的物质，吃完暴毙也是常有的事。

❸ 这个配方虽然减弱了硫黄的毒性，却易燃易爆，是一种容易着火的药，因此被称为火药。火药易燃易爆，炼丹术士当然不会喜欢，总不能还没有长生不老就被炸上西天吧。

此方可伏火！

❷ 有毒就要减弱毒性，这叫作伏火，伏就是降伏的意思，火就是药物的毒性。

唐代"药王"孙思邈的《丹经内伏硫黄法》中，就有一剂伏火的方子，大体就是把硫黄、硝石和木炭放到一起用火烤。孙思邈的本意是为了减弱硫黄的毒性，却无意中记下了火药的配方。

❹ 炼丹术士不喜欢火药，军事家却很喜欢。果然，后来火药在军事上有了广泛的应用。

火药的应用

投石机

唐代末年，就有了用火药攻城的记载。不过那时候是用投石机把火药包扔出去，有点类似现在的空投炸药包。

火药箭

到了宋代，火药武器得到了快速的发展，已经有了火药箭和火枪。火药箭就是把火药绑在箭上，点燃后利用火药燃烧产生的推动力把箭射得更远。这基本还是箭，不是现代意义上的火箭。

火铳

宋代还出现了火枪，枪管是用竹筒做的，容易损坏。到了明代时，就有了用金属制作枪管的火枪，俗称"火铳"。在明军援助朝鲜抗击日本侵略的战争中，火铳就曾大显神威。

火炮

不但有火药箭、火枪，古人还制造出了火炮。在《水浒传》中，"轰天雷"凌振就是制造火炮的高手。这并不仅仅是小说家言，在金兵攻打开封时，丞相李纲就曾用霹雳炮击退金兵，令金兵闻风丧胆。在明末的宁远大战中，袁崇焕也是用大炮击伤了后金首领努尔哈赤。

除了前面提到的武器火药箭，现代航天意义上的火箭我们也有。

明代火器专家陶成道曾把47支"火箭"绑在椅子上，打算飞上天空。不幸"火箭"爆炸，他也献出了生命。因为陶成道的官职是万户，这件事也被称为"万户飞天"。陶成道的装备就是现代火箭的雏形。陶成道是当之无愧的"世界航天第一人"。为了纪念他的贡献，国际天文学联合会将月球上的一座环形山命名为"万户山"。

万户飞天

火药还是人类改造自然的利器，我们可以用火药炸开大山，也可以用火药开采矿藏。

1862年，瑞典科学家诺贝尔发明了制作硝酸甘油炸药的安全方法，这就产生了现代火药。诺贝尔的本意是造福人类，可没想到人们却用炸药制造出了许多杀伤力极大的武器用于战争。诺贝尔晚年非常内疚，他立下遗嘱，用他的所有财产设置奖项来奖励那些为人类做出巨大贡献的杰出人才，这就是诺贝尔奖的由来。

火药的外传改变了欧洲的历史

蒙古军队在攻打南宋的过程中学会了使用火药。后来，在蒙古军队征战四方时，火药的制造和使用被阿拉伯人学会了，在阿拉伯人和欧洲人的战争中，火药又被传播到欧洲。

火药在欧洲发挥出了意想不到的作用。那时候的欧洲贵族们居住在坚固的城堡中，骑士们披着铠甲，被他们奴役的人们对他们的统治无可奈何。而火炮可以摧毁城堡，火枪可以击穿铠甲，欧洲的封建城堡和骑士阶层就这样在火药的爆炸声中烟消云散了，资产阶级的萌芽也因此诞生。

11 拉近与天空距离的小小玻璃——望远镜

中国的陶瓷技艺举世无双，深受世界各国人们的喜爱，以至于瓷器（china）都成了中国（China）的代称。

制作玻璃可要比烧制陶瓷简单多了，可是为什么我们没有发展出大规模的玻璃应用呢？

1. 腓尼基商人关于玻璃的传说

传说，玻璃是这样被偶然发现的：贩卖天然苏打矿石的腓尼基商人在沙滩上做饭时，拿了几块苏打矿石支起了锅，一顿饱餐后，他们发现锅下面出现了一些闪闪发光的小珠子，这些小珠子就是玻璃。

玻璃鱼形容器

圣甲虫首饰

2. 古埃及人与砂芯法

腓尼基商人的这个故事也只是个传说，玻璃的真正发明者是古埃及人。已知最早的古埃及玻璃珠子大约制作于公元前 1500 年的新王国时期。它们色彩绚丽，常被用来制作首饰以及瓶子和罐子。

在这一阶段，玻璃的制作主要使用砂芯法，最具代表性的传世作品就是"玻璃鱼形容器"。图坦卡蒙木乃伊上的圣甲虫首饰中央的黄宝石也是玻璃，不过这是利比亚沙漠天然形成的玻璃。

3. 古罗马量化生产的玻璃工坊

然而，真正让玻璃走入日常生活的还是古罗马人，他们发现了一种"助熔剂"——泡碱，让制作透明玻璃的温度要求降低了许多，从而使玻璃成为寻常百姓也能使用的物品。

古罗马人非常喜欢玻璃，吹制玻璃工艺的传入让他们建起了规模化的玻璃生产工坊。玻璃制品（如玻璃容器、玻璃餐具和玻璃镜子等）走进了古罗马人的日常生活，他们还发明了玻璃窗。

古罗马时期的玻璃器具

4. 中国古代的玻璃杯

古制玻璃杯

接下来说一说中国。在古代，我们中华民族毫无疑问引领着世界科学技术的潮流，不仅仅是四大发明，在数学、航海、天文、机械方面也牢牢占据着科技顶峰，然而玻璃好像是被忽视了。

这并不是说我们没有玻璃，中国的玻璃制造史可以追溯到战国晚期，吴王夫差剑和越王勾践剑上都镶嵌有浅色玻璃作为装饰。江苏省徐州市北洞山汉墓中出土的古制玻璃杯，是中国目前出土年代最早的古制玻璃杯。

唐诗"葡萄美酒夜光杯"中的"夜光杯"，一般认为是玉器，但也有史学家认为这个夜光杯就是玻璃杯。

不过，比起青铜、陶瓷、玉器来，玻璃器具用途要小得多，因而玻璃在中国并没有像在古罗马一样有大规模的应用。

况且，除透明外，玻璃也没有多少优势，因此，没有玻璃对中国古人的生活并没有什么影响。

物镜（凸透镜）

目镜（凹透镜）

单筒望远镜

改变世界的小小玻璃——望远镜

可是在 1608 年，小小的玻璃竟然改变了世界。

当时的玻璃制造业不再是简单地磨制平板玻璃，而是已经有了凸透镜和凹透镜，

月球表面图

木星卫星图

太阳黑子图

有人偶然将两片镜片放在一起，远方的景物突然被拉到了眼前，望远镜就此诞生了。

望远镜迅速风靡欧洲，军事家们尤其喜欢。

作为伟大的科学家，伽利略并没有把望远镜投向远方的战火，而是对准了遥远的星光。

伽利略用望远镜看到了木星的卫星，看到了太阳黑子，看到了月球的环形山。

尤其是木星卫星的发现，从根本上动摇了地心说。从伽利略这里开始，科学不再是神学的婢女，而是指引人类前进的女神。

望远镜的后续发展

今天的天文望远镜已经不再是由两片简单的镜片组成，也不再单纯用来看星空，甚至不再只是架设在地球上。现代的天文望远镜已经成了人类探索宇宙奥秘的最好助手，人们用望远镜不但知晓了许多宇宙的奥秘，还推测出了宇宙的起源与未来，这一切都起源于伽利略望向星空的那个夜晚。

地面天文台巨型望远镜——100 英寸的胡克望远镜

威尔逊山天文台的胡克望远镜，是一种巨型反射式望远镜，在 1917 年建成之后的 30 年间，它一直是世界上最大的望远镜。哈勃曾用这架望远镜完成了他的关键计算，确定了银河系外的星系，并认识到星系的红移，进而证明了宇宙在膨胀。

哈勃空间望远镜

在近地轨道上运行的空间望远镜，可以观察到比地面天文台清晰十几倍的星空。

"中国天眼"

这是一台 500 米口径球面射电望远镜，用于研究宇宙大尺度物理学，以探索宇宙的起源和演化，寻找地外文明也是"中国天眼"的任务之一。

12 发现微观世界的显微镜

玻璃制造的镜片让望远镜在天文学上独领风骚之后，又在医学和微生物学领域大放光彩。这是因为在 17 世纪人们通过显微镜发现了毛细血管的存在，进而证实了哈维的血液循环说，还发现了细菌等微生物，使微观世界开始呈现在人们的眼前。

拓展

早期的显微镜相当于一个放大镜，人们只能用它观察跳蚤大小的小昆虫，因而也被叫作"跳蚤镜"。如果你观察过放大镜的镜片就会发现，它是一块摸上去非常平滑、中间厚、边缘薄的透明玻璃。

16 世纪初期的放大镜

列文虎克和他的"小动物们"

在当时，要想造一台显微镜并不容易，因为镜片全是手工磨制的，这可是个技术活。前面提到的伽利略就是一个磨镜片的高手，事实上他也制作出了显微镜，并且用它观察过昆虫的复眼。但提到显微镜，大家更容易联想到一个"看门人"，那就是列文虎克。

看门这个工作有一个好处，就是时间比较充裕。列文虎克听人说有一种凸透镜可以把东西放大，为了满足自己的好奇心，他决定自己磨，这一磨就磨出了一个新世界。

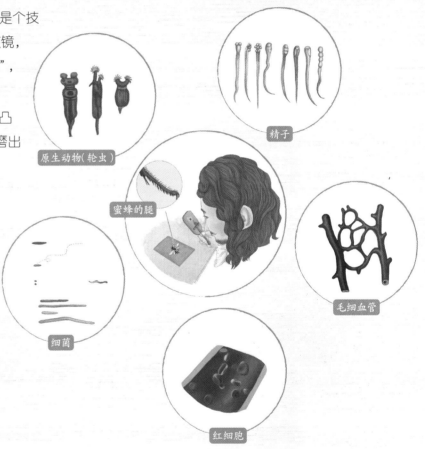

原生动物(轮虫)

精子

蜜蜂的腿

毛细血管

细菌

红细胞

经过长期辛苦磨制，列文虎克终于造出了自己的第一台显微镜，这并不是世界上第一台显微镜，不过列文虎克的显微镜放大倍数非常高，超过了当时的任何一台显微镜。

他开始用显微镜观察身边的世界，他发现在显微镜下蜜蜂的腿就像马腿一样强健有力，蜜蜂的腿毛则像钢针一样根根直立。

列文虎克对这个新奇的世界越来越有兴趣，他磨制了放大倍数更高的镜片，拿着自制的显微镜去观察身边的任何东西，雨水、污水、血液、精液，甚至牙齿上的牙垢。

我们现在都知道"饭前便后要洗手"，因为细菌会影响我们的健康。细菌就是列文虎克发现的，他惊喜地称呼它们"小动物们"，给它们取名为"狄尔肯"（Dierken）。在朋友的劝说下，列文虎克还把自己多年的观察结果寄给了英国皇家学会，结果震惊了整个英国学术界。列文虎克因此开创了一门新科学，那就是微生物学。

他还第一个观察到连接心脏动脉和静脉的毛细血管，这为哈维提出的血液循环说提供了强有力的证明。

哈维和血液循环说

其实，早在古罗马时期，著名的医学家盖伦通过解剖动物发现了血液的存在，并提出血液由肝脏产生，通过心脏的搏动把血液像潮水一样输送到全身，最后被身体吸收，这就是早期的"血液潮汐运动说"。

这种理论有正确的地方，比如心脏把血液送到全身；也有不合理的地方，比如肝脏只是造血的器官之一，骨髓才是造血的主要器官，但是最大的问题还在于血液运动的方式上。

1628 年，英国的医学家哈维通过计算发现，心脏每半个小时输送出去的血量就超过全身的血液总量，他觉得身体不可能这么快就造出足够身体使用的血量来，也不可能这么快就消耗掉所有血液，这就是说以前关于血液的说法是不合理的。

哈维认为血液在人体内就像水在一个闭合管道内循环一样，是循环流动的。可是哈维的血液循环说有一个致命的弱点，那就是血液是如何循环的呢？通过解剖学可以知道，血液从心脏进入动脉，再由静脉回到心脏，可是那时候还没有发现连接动脉和静脉的血管，这样看来，血液是没有办法完成循环的。对于这个疑问，哈维猜想，一定存在着连接动脉和静脉的细小血管，而这种细小血管是肉眼看不到的。

1661 年，哈维去世 4 年后，人们通过显微镜发现了青蛙的毛细血管，终于证实了血液循环说。

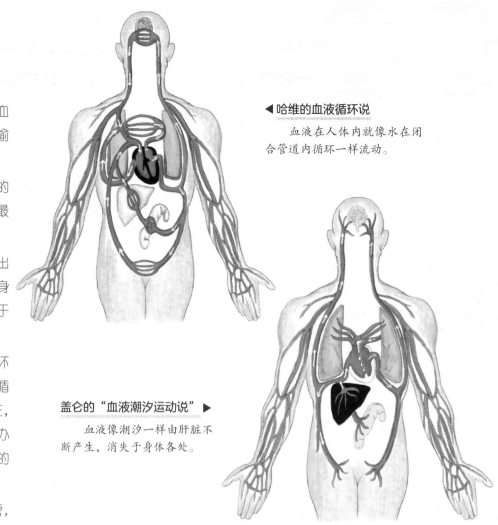

◀ **哈维的血液循环说**

血液在人体内就像水在闭合管道内循环一样流动。

盖伦的"血液潮汐运动说" ▶

血液像潮汐一样由肝脏不断产生，消失于身体各处。

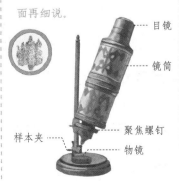

⟡➤ **拓展** ◀

事实上，提到显微镜，人们还会想到一个人，那就是罗伯特·胡克。他和列文虎克是同一时期的科学家，他用自制的显微镜观察到了植物的细胞，他的故事我们后面再细说。

目镜

镜筒

样本夹 —— 聚焦螺钉

物镜

罗伯特·胡克的显微镜和他观察到的网格状的细胞

现在的显微镜已经不像列文虎克那个时代那么简陋，而是成了一种精密的科学仪器。列文虎克所使用的是光学显微镜，光学显微镜最多只能将物体放大到 2000 倍，这显然不能满足科学研究的需要。电子显微镜的发明使得放大倍数达到了 200 万倍。显微镜也不只用在微生物学上，在物理学、化学、医学等诸多领域，显微镜也在发挥着重要的作用。

现代电子显微镜

13 牛顿与苹果

1665 年，英国伦敦暴发了一场大瘟疫，死亡的阴影笼罩了整个城市，人们纷纷逃离伦敦以求生存。

一个年轻人也因为学校放假回到了乡下，这个年轻人就是牛顿。他的这段乡下岁月成了科学史上最激动人心的时刻。

在牛顿之前，基于伽利略的伟大贡献，人们已经摸索到了科学的边缘，不管是力学、光学、天文学都已经走上了正确的道路，诸位大师已经携手揭开了蒙住真实世界的幕布的一角，而牛顿则干脆一把扯下了幕布，让真实世界直接呈现在人们的面前。

万有引力定律和三大力学定律

说起牛顿，就一定会想起落在他头上的那个苹果，这个故事也许并不是真的，但引发他思考的苹果却不简单，让我们跟着这个苹果来看一下牛顿的伟大。

首先，来看一下苹果为什么会从树上落下来。

这是由于地球和苹果之间有一种相互吸引的力，这就是引力。世界上任何物体之间都有引力，这就是万有引力定律。

那么大物体和小物体产生的力有什么区别吗？比如，是不是地球对苹果的吸引力大一些？这是不会的，物体之间的引力是大小相等、方向相反的，这就是牛顿第三定律。

既然力的大小相等，那么新的问题来了，为什么不是地球被苹果吸上苹果树，而是苹果落到地球上呢？

这就是牛顿第二定律：物体所受到的外力不变时，物体的加速度与质量成反比。假如我们用相同的力去抛一个铅球和一个小玻璃珠，你会发现，小玻璃珠会比较容易抛起来，且运动得更快一些。因为小玻璃珠的质量相对较小，获得的加速度更大。同样的道理，地球和苹果之间虽然引力的大小相等，但是苹果的质量远比地球小，所以苹果就落到了地球上。

这一切都是因为物体之间有力的存在，要是没有力的作用呢？那物体就不会动了，就会老老实实地待在原地，这就是牛顿第一定律。

被外力改变运动状态的小石头

静止不动的小石头

虽然这些内容许多是牛顿在前人的基础上研究出来的，但不可否认，牛顿是史上最伟大的天才之一。

无论是飘零的落叶、飞舞的雪花，还是日月星辰，都可以用牛顿定律去解释，这就是万物运转之理。

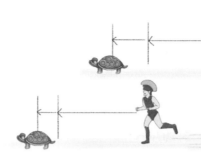

与乌龟赛跑的阿喀琉斯

在牛顿之前，也有很多伟大的科学家想到了这些道理，可是他们都没有明确地说出来，牛顿能系统整理出来是因为他发现了数学上的一个秘密。

这个秘密就是微积分。

说微积分之前，先说一个古希腊的传说。

在古希腊，有一位无敌的战士叫作阿喀琉斯，他跑起来连骏马也追不上，可是有人却说只要让一只乌龟先爬上 1 米，那么他就永远都追不上这只乌龟。

因为乌龟先爬了 1 米，那么当阿喀琉斯跑过这 1 米的时候，乌龟又向前爬了 0.1 米；阿喀琉斯再跑过这 0.1 米时，乌龟又爬了 0.01 米……这样看下来，乌龟就永远在阿喀琉斯的前面。

这当然是不可能的。可是问题到底出在哪里呢？千百年来人们都搞不明白，直到牛顿解决了这个问题。

牛顿指出，看起来乌龟一直在阿喀琉斯前面，但是乌龟超过阿喀琉斯的距离会越来越小，到最后这个距离会等于 0，在等于 0 的这一刻之后，阿喀琉斯就可以超过乌龟了。

牛顿的这种想法用数学来表示的话就是微积分。

牛顿到底有多"全才"

牛顿和伽利略、列文虎克一样都是磨制镜片的高手，他自己设计并制造了牛顿式望远镜，它的原理是使用一个弯曲的镜面将光线反射到一个焦点上。这种设计方法比使用透镜将物体放大的倍数高出数倍。

牛顿式望远镜当然是用来看星星的，但在地球上无论怎样也看不到地球本身，那么地球到底是什么样的呢？这还要辛苦一下牛顿，他通过计算得出地球并不是一个完美球体。不过牛顿的天文学成就不止于此，现在我们都知道大海的潮汐是由月球引力引起的，这也是牛顿第一个计算出来的。

经典力学

发现物理学三大运动定律和万有引力定律。

天文学

发明反射望远镜，利用行星定律解释潮汐现象等。

光学

简单易操作的三棱镜色散实验，直接解释了白光其实是彩虹色的，而牛顿从现象看到本质，由此创立了微粒说。

微积分

发现二项式定理，从而创立了微积分学说，如今微积分成了大学的一门课程。

除了上面这些，牛顿在地理学、神学、炼金术、考古学等领域也卓有建树，是一个"全才"式的人物。

14 关于时间，关于计时

在农业社会，人们对时间的感受是通过太阳得来的，不过"日出日落"只是一个粗略的时间概念，人们想要得知更加精确的时间，于是发明了日晷（guǐ）。

日晷

晷，就是影子。人们很早就意识到，一天当中正午时物体的影子最短，其余时间物体影子的方位和长短会根据太阳在天空中的位置不断变化。日晷就是人们发明的根据物体影子的长短和方位来判断太阳在天空中的位置，从而推断时间的仪器。

晷针　晷盘

底座

拓展

日晷是从"圭（guǐ）表"变化而来，"表"是一根垂直于地面的杆柱，"圭"是置于地面、垂直于杆柱的水平标尺，指向正北。正午时，表的影子刚好落在圭上，由此可以知晓一年的时长和二十四节气。这就是"立竿见影"的出处。

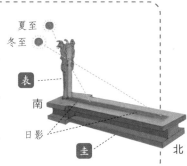

夏至　冬至
表
南
日影　圭　北

漏刻

阴天或者晚上没有太阳，日晷就没有办法了，于是人们又发明了漏刻来计时。早期的漏刻就是在一把装满水的铜壶下面钻一个小洞，通过计算铜壶中水流失的速度来看铜壶的刻度，以此来计算时间。这种方法有一个缺点，冬天水结冰时，漏刻就无能为力了，为了解决这个问题，人们又发明了沙漏。

箭上有刻分

莲花漏

沙漏

拓展

水运仪象台

北宋苏颂等人设计建造的水运仪象台可以说是中国最早的机械钟，它是在张衡发明的水运浑象仪的基础上制作而成的。除了以漏壶漏水推动运转外，还多了一个名为"擒纵器"的小装置。

擒纵器

从摆动的灯到摆钟

要想再精确到分秒去计算时间，就该时钟出场了。这里还得提一下伽利略。

别人进教堂是为了忏悔，伽利略却在教堂发现了时间的秘密。他发现教堂里悬挂的灯来回摆动的时间间隔是相同的，这就是"单摆的等时性"。

单摆的等时性要比水滴和沙子精确多了，而且制作简单，只要调节单摆的长度就可以精确计时，而且不受季节的影响，这就是后来钟表的基础。

不过伽利略太忙了，还有那么多伟大的发现在等待他，这个工作就留给了其他人。

1656年，惠更斯设计出钟摆，并由工匠造出摆钟。

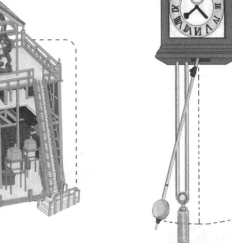

游丝摆轮

游丝弹簧表

摆钟不但可以精确计时而且携带方便，人类终于可以准确知晓时间了。可是这时的摆钟有一个很大的缺点，那就是只能在一个地方使用。这是由于在地球上不同纬度和海拔地区，重力加速度是不相同的，在赤道地区很精准的摆钟放到北极地区就会有很大的误差，在北京地区很精准的摆钟也不能直接拿到珠穆朗玛峰上去用。

怎么解决这个问题呢？人们又发明了游丝弹簧，利用弹簧的弹力来计算时间，游丝弹簧和摆轮在其中扮演着发条的角色。

后来，人们在这基础上发明了便于携带的腕表和怀表，这下可以不考虑地域的影响了，但是弹簧用久了会老化，这就影响了腕表的精度。

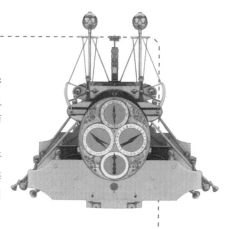

拓展

航海钟

航海钟又称航海天文钟或精密钟，是高精度、可携带的机械计时仪表。远洋航海中，为了确定船在海面的准确位置及航向，必须测定经纬度。右图就是约翰·哈里森专为远洋航行研制的第一代航海钟，它成功克服了海浪颠簸对钟摆的影响，可以通过时间差推算出经度差。

石英表

石英晶体谐振器

现在我们使用的钟表大多是石英表。石英表的原理是石英晶体在电压的影响下，会产生稳定的振动频率，每振动 32 768 次就是 1 秒。因为石英表计时精确，奥运会上大多使用石英表计时。

石英表也有缺点，那就是容易受到磁场影响，而生活中计算机、电视机、手机、音响等都会产生磁场，所以石英表最好不要和这些东西放在一起。

其他计时工具

打更

打更是中国古代民间一种夜间报时的形式，由此还产生了职业打更人。打更人一般敲竹梆子或锣，约每两小时为一更，一个夜晚报时五次。

原子钟

现在世界上最精确的钟表是原子钟，原子钟的原理是原子的共振频率精度非常高，要 3 000 万年才会误差 1 秒，多用于科学研究。除科学研究外，原子钟还用于全球卫星导航系统。

金鸡报晓

在古代，人们也常将公鸡打鸣作为一天的开始。"闻鸡起舞"讲的就是东晋的祖逖（tì）听到鸡啼就起来舞剑的故事。

钟鼓楼

钟鼓楼是钟楼和鼓楼的合称，都可以报时。一般早晨鸣钟，晚上击鼓，因此有"晨钟暮鼓"的说法。

现在，人类对时间的计算越来越精确，但是不管多么精巧的计时工具，都不能让时间多出一分一秒，当听到时钟的嘀嗒声时，我们应该知道那是在提醒我们要珍惜时间。

15 化学元素周期表的始末

火是人类利用最早的自然力量，也是人类从蒙昧走向文明的助手。火的背后有什么秘密呢？

"燃素说"

起初，人们认为燃烧源于一种叫作"燃素"的神秘物质，物质含有燃素就会燃烧。

乍看起来，"燃素说"有些道理，木柴燃烧后灰烬的质量确实要比木柴原本的质量小，就好像是木柴中的燃素燃烧了一样。可是后来人们又发现，对有些金属来说却不是这样，金属铅在燃烧之后质量反而会增加，这用燃素说就无法解释了。

> **拓展**
>
> **拉瓦锡与"钟罩实验"**
>
> 为了解释这个现象，拉瓦锡做了一个实验。
>
> 他把水银放入一个曲颈瓶中，曲颈瓶的另一端伸到了一个放在水槽中的玻璃钟罩里，然后持续加热水银。加热一段时间后，拉瓦锡发现曲颈瓶中有一部分水银变成了红色的粉末（氧化汞），同时水槽中的水进入了钟罩，大约占钟罩的 1/5。拉瓦锡收集了生成的氧化汞继续加热，又得到了水银和氧气，而且氧气的体积恰好等于原来钟罩里所减少的空气的那部分体积。
>
> 拉瓦锡认为，由于水银只和钟罩中的空气接触，水进入钟罩就是因为空气中的某种成分和水银发生了反应，空气中的这种成分就减少了，于是在大气压的作用下水槽中的水进入了钟罩。而继续加热，粉末又把这种成分释放了出来。

"氧化说"问世

拉瓦锡认为空气中的这种成分才是燃烧的关键，他把这种可以帮助燃烧的空气成分命名为氧气，"氧化说"问世了。

我们还是用"氧化说"再来看一遍"钟罩实验"吧。

水银和空气中的氧气结合形成了氧化汞，消耗了氧气。继续给氧化汞加热，氧化汞分解为水银和氧气，又把氧气还给了空气。

拉瓦锡提出氧化说以后，人类才真正了解了燃烧的秘密。

古希腊 四元素说　　　　中国 五行说

拉瓦锡的元素表

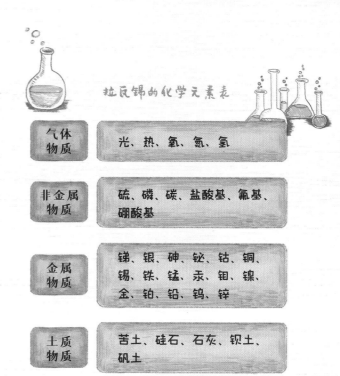

拉瓦锡的化学元素表

气体物质	光、热、氧、氮、氢
非金属物质	硫、磷、碳、盐酸基、氟基、硼酸基
金属物质	锑、银、砷、铋、钴、铜、锡、铁、锰、汞、钼、镍、金、铂、铅、钨、锌
土质物质	苦土、硅石、石灰、钡土、矾土

作为科学家的拉瓦锡并没有停止脚步，他又向古老的"四元素说"发起了挑战。

在人类文明之初，中国人认为世界由"金、木、水、火、土"构成，古希腊人则认为由"土、气、水、火"4 种元素构成。

通过实验，拉瓦锡知道了火并不是一种物质，当然也不是一种基本元素；同样，通过实验他还发现，作为四元素之一的气也不是一种最基本元素，他提出气由氧气和氮气组成，氧气大约占空气的 1/5。后来人们还发现空气中含有氢气、二氧化碳和一些惰性气体，这样看来四元素说就站不住脚了。

拉瓦锡借用了"元素"的概念，对当时已知的物质进行了简单的分类，建立了新的元素表，拓宽了人们对物质的认识，不过他的元素表还不能揭开元素背后的奥秘。

"原子说"

后来，科学家道尔顿提出了"原子说"，认为物质是由原子构成的，每种元素都对应着一种原子（如氢元素就由氢原子构成，氧原子则构成了氧元素），并且意识到氢元素是最轻的元素，就把氢原子的质量定为 1，其他元素的原子质量基本都是氢元素原子质量的整数倍，这个整数倍数就叫作原子量。

氢原子质量 ×16= 氧原子质量

门捷列夫与元素周期表

1869 年，俄国化学家门捷列夫提出了元素周期表，把当时已知的元素都纳入了表中。元素周期表是根据元素原子量的大小进行排列的，原子量小的排在前面，大的就排在后面，不过也并不是完全按照原子量的大小排列的。门捷列夫还在元素周期表中留下了一些空位，这些空位就是还没有发现的元素，后来随着新元素的发现，一一验证了门捷列夫的预言。

具有规律性的化学元素周期表的提出，使化学研究实现了从现象到本质的根本性飞跃。

人是怎么来的呢？在很早以前，我们就有女娲抟（tuán）土造人的传说，在西方则有上帝造人的故事。直到19世纪，细胞学说的兴起才让人们破除了"神造人"这种说法。

在显微镜一章我们就提到了罗伯特·胡克，他用显微镜观察软木塞，发现软木塞是由很多规则的"小房间"组成的，他给这些"小房间"取了个名字叫作"细胞"，这是细胞学说的萌芽。不过他这时候观察到的并不是活的细胞，而是死亡植物细胞残存的细胞壁。

19世纪初期，科学家发现植物都是由细胞构成的，而且新细胞都是老细胞分裂而来的。那么动物呢？其实动物的细胞当年列文虎克就观察到了，只是那时还没有提出细胞这个概念。

接下来，可以说一下细胞学说的主要内容。

细胞学说的主要内容

细胞学说是由德国生物学家施莱登和施旺分别在1838年和1839年提出的。

细胞是构成生命的基本单位，新细胞都是由老细胞分裂而成的，一个细胞就可以分裂形成整个生命体。

细胞学说在万物之间架设了一道道桥梁，世间万物都可能由细胞发展而来，这意味着上帝造人的说法是错误的。

动物细胞分裂

植物细胞分裂

进化论与多姿多彩的生物世界

细胞学说只是说了各种生物起源可能是细胞，却解释不了为什么都是由细胞发展出来的生物世界却是多种多样的。

在细胞学说提出后的第二年，达尔文用进化论解释了生物多样性的原因。

进化论说的是物种是可变的，生物是进化的，而生物进化的动力就是不断变化的环境。生物都有繁殖过盛的倾向，而生存空间和食物是有限的，在同一种群中的个体存在着变异，能适应环境出现有利变异的个体将存活下来并繁殖后代，没有出现有利变异的个体就会被淘汰，这就是自然选择。

除了自然选择，让生物世界具有多样性还离不开突然出现的、能更好适应环境的可遗传变异现象，比如干旱时期活下来的那些长脖子鹿。这一变异现象被后来的科学家称为"基因变异"。

经过长期的自然选择，微小的变异得到积累成为显著的变异，这就出现了多姿多彩的生物世界。

遗传学的诞生

进化论也存在着缺陷，它没有说清楚有利的变异是如何传到下一代身上的，孟德尔提出的遗传学逐渐填补了这一空白。

遗传学指出，决定生物形态的是基因。我们常说"龙生龙，凤生凤"，就是指基因遗传。在繁殖后代的时候，亲代的基因会重新组合，这就是子代不会完全和亲代一样的原因。这一点非常重要，这样人们就可以把有利的基因组合在一起创造新的品种。现在的超级稻就是把有利的水稻基因组合在一起，形成具有优良基因的杂交稻。

拓展

拿长颈鹿来举个例子吧，因为环境发生了变化，地面上的草减少了，长颈鹿不得不去吃树叶，脖子短的吃不到树叶就被淘汰了，于是越来越多脖子长的鹿存活了下来。同样还可以解释为什么羚羊和狮子都跑得那么快，因为跑得慢的羚羊都被狮子吃掉了，而跑得慢的狮子抓不到羚羊都被饿死了。

基因技术

现在基因技术主要应用在生物制药和治疗疾病上，基因测定和生物克隆就是基因技术的成果。

1996年，克隆羊"多利"诞生，这是人类通过基因技术亲手创造的生命。2000年，中国也有了自己的克隆羊。

人类基因组计划

2000年，中、美、英、法、德、日6国科学家共同宣布，人类基因组草图绘制工作完成，这标志着人类第一次接近于从根本上了解自己。

33

17 蒸汽机带来的巨大变革

蒸汽机就是利用蒸汽的力量为人类工作的机器。

传说，瓦特看到火炉上沸腾的水蒸气顶开水壶壶盖，由此意识到蒸汽的力量并发明了蒸汽机。这个传说是错误的，因为蒸汽机并不是瓦特发明的，他只是改良了蒸汽机。不过这个故事也说出了蒸汽机的原理。

蒸汽机的发展

1. 最早的蒸汽机雏形：汽转球

最早的蒸汽机雏形是1世纪古希腊力学家希罗发明的汽转球。

汽转球只是一个玩具，但也向人们宣告了蒸汽的力量。

空心球

密闭锅

2. 帕平与最早的高压锅

高压锅最早的名字叫"帕平锅"，是17世纪一位叫丹尼斯·帕平的法国医生发明的，最早只是作为消毒用具。我们都知道高压锅是密闭的，锅里的温度升高，水蒸气增多，压力会越来越大。要是压力得不到释放，高压锅就会爆炸，所以就需要一个装置来调节高压锅内的水蒸气压力，这个装置就是安全阀。

杠杆安全阀

当锅内的水蒸气的压力超过高压锅的设定值时，水蒸气就推动安全阀向上运动，释放出一部分水蒸气，等到锅内的压力降低时，安全阀又回到原来的位置。安全阀的上升就是靠水蒸气来推动的，这就是杠杆式安全阀的工作原理。

3. 早期活塞式蒸汽机

人们根据安全阀的工作原理发明了活塞式蒸汽机。活塞式蒸汽机是一种发动机，它通过密闭气缸内膨胀的热气来推动圆柱形活塞做直线往复运动。这种运动通过机械方式转换动力，虽然效率不高，但比起人力、畜力来已经先进了很多，最关键的是蒸汽机可以连续工作，不需要饮食和休息。

4. 瓦特改良蒸汽机

瓦特一直关注着蒸汽机的发展，他发现当时的蒸汽机普遍存在两大问题：一是效率特别低，二是只能做直线往复运动。要想让蒸汽机得到广泛应用，就必须解决这两个问题，瓦特决定改进蒸汽机。

他先是提高了蒸汽机的效率。1776年，瓦特制造的蒸汽机面世，比之前的蒸汽机效率提高了3倍，很快就占领市场推广开来。后来，瓦特公司的雇员发明了一种曲柄齿轮传动装置，将蒸汽机的直线往复运动改造为圆周运动，再一次大大提高了蒸汽机的工作效率。

拓展

塞维利机

世界上第一台实用的蒸汽机是塞维利机，它诞生在采矿业，主要用于将矿井中渗透出来的水提到地面上来。

塞维利机先通过锅炉把水加热，使蒸汽充满工作容器，然后关闭入气孔，使工作容器中的水蒸气冷凝形成局部真空。当该容器与矿井下的水相连时，就可以通过外部大气压把水"吸"到高处。塞维利也因为这个机器被称为"矿山之友"，还申请了世界上第一个蒸汽机专利。

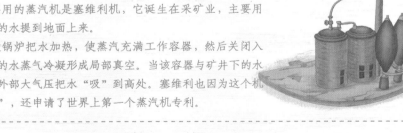

不过，塞维利机基本上还是一个水泵，它的气缸里没有活塞，无法将热能转变为机械能，也不是能够带动其他工作机的动力机。对此，纽可门进行了改进。他综合了帕平的活塞装置和塞维利机快速冷凝的优点，于1705年发明了大气式蒸汽机。

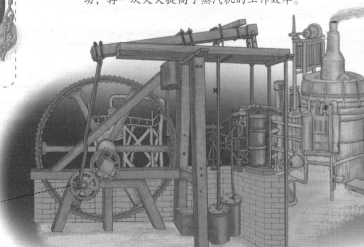

曲柄齿轮传动装置

蒸汽时代

蒸汽机就这样成了一种通用的机器，应用到了各个方面，使得生产效率大大提高。蒸汽机的大规模使用，意味着第一次工业革命来临了。蒸汽机的出现使人类从依靠人力、畜力等原始动力中解脱出来，实现了机器化大生产，人类进入了蒸汽时代。

1785年，瓦特改进的蒸汽机首先在纺织行业中投入使用。

由于蒸汽机的使用，工厂的效率大大提高，短时间内就可以生产出大量的产品，可是产品的运输却成了问题。当时的运输工具还停留在上一个时代，还是马车和帆船。那么，能不能把蒸汽机装在船和车上呢？人类又开始了新的探索。

1807年，航行在哈德孙河上的"克莱蒙特"号。

富尔顿与蒸汽轮船

富尔顿在游历欧洲时遇到了瓦特，受到瓦特的影响，他决心成为一名发明家。

1807年，富尔顿改进了船的设计，建成了第一艘往复式蒸汽机船"克莱蒙特"号。他还在船的两侧加上了两个轮子——明轮推进器，因而他设计的蒸汽船也被叫作轮船。今天，明轮推进器已经被螺旋桨取代，轮船不再需要这两个轮子，不过这个名字还是流传了下来。

1825年，斯蒂芬森驾驶着火车驶出了车站，把马车远远地抛在了后面。

斯蒂芬森与蒸汽机车

蒸汽船征服了海洋，在陆地上代替马车的就是火车了。

斯蒂芬森出身于一个矿工家庭，从小就对蒸汽机感兴趣。1814年，斯蒂芬森发明了蒸汽机车，就是俗称的"火车头"。"火车"这个名字也是那时候产生的，因为蒸汽机车工作时会从烟囱里冒出火星来。

拓展

钢铁工业的发展

提到轮船、火车，就不得不提一下近代钢铁工业的发展。随着工业革命的到来，人们对钢铁的需求急剧增加，不但各种机器需要钢铁，火车、轮船、汽车、飞机的制造都需要钢铁。

在19世纪中期，几乎同时出现了平炉炼钢法和转炉炼钢法，平炉炼钢法目前已经被淘汰，转炉炼钢法现在还是钢铁工业的主流。

新的炼钢方法的出现，使得钢铁产量迅速增加，钢铁制品也迅速进入了人们的日常生活之中，还影响了人类的居住环境，不管是东方的木质结构建筑还是西方的石头堡垒，都没有办法把房子建得很高，钢铁工业的出现使得摩天大楼成为现实。

18 瘟疫与疫苗

要说对人类伤害最大的，人们第一个想起的肯定是战争，其次是交通事故。然而，瘟疫才是足以毁灭人类的大灾难。

天花就是这么一种可怕的瘟疫，曾制造过"人类史上最大的种族屠杀"，无数印第安人为此丧命。

关于天花的历史

天花与人类的纠缠由来已久，早在古埃及时期就有关于天花的记载。天花病毒对人类"一视同仁"，不管是皇帝还是平民，都难逃天花病毒的荼毒。

有的古埃及法老就染上过天花，法国国王路易十五、英国女王玛丽二世、德国国王约瑟一世、俄国沙皇彼得二世都被天花夺去了生命。康熙皇帝小时候也曾感染天花，不过他运气比较好，只是留了一脸大麻子。

在18世纪的欧洲，因为天花就死亡了约1.5亿人。1872年，天花在美国暴发，仅费城就死亡了近2600人。

天花是如何被打败的？

第一个对天花进行有效预防的是中国唐代的"药王"孙思邈，就是那个记载了火药配方的孙思邈，不过，悬壶济世才是他的本行。

孙思邈发现，将从天花患者的疮口中取出的脓液涂抹在正常人的皮肤上，就能有效预防天花，这其实就是最早的减毒活疫苗原理。由于天花病毒已经在患者身上发作过了，脓液的毒性就减弱了许多，正常人涂抹了脓液以后，就相当于得了一次天花。因为毒性小，对人的影响也小，而得过一次天花以后，人体就会产生抗体，从此以后就再也不会得天花了。

痘浆法

取天花患者的新鲜脓液，以棉花蘸取后塞入被接种对象的鼻孔，以此引起发痘，达到预防天花的目的。

旱苗法

取天花痘痂（jiā）研成细末，置曲颈根管之一端，对准鼻孔吹入，以达到种痘预防天花的目的。

这种方法用的是人体产生的天花脓液，因此被称作"种人痘"。在明朝时，"人痘法"就已经在中国推广开来，后来还传到了欧洲，英国女王就为孩子种过人痘。

人痘法虽好，但也有缺点。人痘的毒性虽然减弱了，但毒性仍然存在。据统计，1724—1727年，英国897名接种者中，有17人接种后死亡。不接种人痘会死亡，接种也有可能死亡，看来必须找到更安全的办法。

英国医生琴纳发现的"牛痘法"就是一种安全很多的免疫方法。

琴纳发现挤牛奶女工好像从来不会感染天花，这是因为牛也会感染天花，而且牛痘的毒性比起人痘来要小得多，挤奶女工就是工作期间沾染了牛痘，从而产生了抗体，对天花有了免疫能力。

经过琴纳医生的努力，牛痘法开始迅速推广。在琴纳医生发明牛痘法10年之后，牛痘法传到了中国，中国人也开始接种牛痘。

牛痘法

 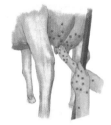 

乳房长了牛痘的牛　　挤奶女工给奶　　琴纳医生发现这
　　　　　　　　　　牛挤奶，结果染上　些感染了牛痘的女
　　　　　　　　　　了牛痘。　　　　工都不会再得天花，于
　　　　　　　　　　　　　　　　　　是从女工手上的痘疱
　　　　　　　　　　　　　　　　　　中提取牛痘浆液。

琴纳医生给小男孩种牛痘

 拓展

什么是疫苗？

疫苗是将病原微生物（如细菌、立克次氏体、病毒等）及其代谢产物，经过人工减毒、灭活或利用转基因等方法制成的用于预防传染病的自动免疫制剂。

1860年，对人基本没有危险的牛痘疫苗出现，人类终于可以遏制天花病毒的肆虐了。

英国政府在19世纪后期建立了强制接种牛痘制度，这为消灭天花病毒开了一个好头。在1950年，中国也宣布全民免费接种牛痘。

1961年，中国境内的最后一例天花患者痊愈，此后，中国再未出现过天花病毒。1967年，世界卫生组织发起了全球消灭天花病毒的活动。1980年，世界卫生组织宣布人类彻底消灭天花病毒。从此以后，人类再也不会受到天花病毒的困扰，天花也是人类永久消灭的第一种传染病。

19 暴风雨中的风筝

当闪电劈向树木的时候，人类不仅看到了火，也对雷电的威力感到震惊。不过从第一次认识雷电到真正掌握电的神奇力量，人类却走了很久。

静电

早在 2500 年前，古希腊人就发现用毛皮摩擦过的琥珀会吸引细小的物体。而在西汉时期的《论衡·乱龙》中，也有"顿牟（móu）掇（duō）芥"的记载。

尼罗河里的雷使者

 拓展

生活中的静电现象

我们梳头时，头发会随着塑料梳子飘动，这是因为摩擦生电。摩擦产生的电叫作静电，静电对我们日常生活有很多影响。在干燥的夜晚，脱下毛衣时会有微弱光亮伴随着"噼啪"的响声出现，这也是静电。我们走在街上，偶尔会看到驶过的油罐车拖着一条垂到地上的金属链，这是因为油罐车行驶过程中容易摩擦产生静电火花，所以需要金属链把静电导入大地。

动物电

自然界中也有一些神奇的带电动物，比如电鲇和电鳐。

古埃及人很早就在尼罗河中发现了一种可以放电的鱼，也就是电鲇。人们觉得它是尼罗河中所有鱼类的保护者，称它为"尼罗河里的雷使者"。无独有偶，古罗马人也发现了会放电的电鳐，古罗马的医生还建议病人去摸一摸电鳐来治病，估计这就是最早的电击疗法了。

雷电

古人还注意到了一种更加强大的电的力量，就是我们熟悉的雷电。

宋代的沈括在《梦溪笔谈》中记载了一件奇怪的事情：一户人家的房屋某天被雷电击中，雷电过后房屋没事，屋里的宝刀却化成了铁水。这是因为木质房屋是绝缘体，而制造宝刀的金属是电的良导体，雷击时电流产生的热效应导致宝刀熔化了。

暴风雨中的风筝

虽然人们很早就注意到各种电的现象，但开始对电进行研究还要说到暴风雨中的一只风筝。

1752 年，美国人富兰克林在暴风雨中将一只风筝升上了天空。他的风筝有点特殊，风筝的十字骨架上绑有金属细丝，风筝线的末端是一枚铜钥匙。当一道闪电滑过时，富兰克林把手指伸向了钥匙，一股巨大的力量传了过来，这就是雷电的力量。

这可能只是一个故事，因为后来重复相同实验的科学家都献出了生命，也有可能是恰巧那一次传输的电流比较小，富兰克林才捡了一条命。不管怎样，这都是人类第一次企图掌控来自雷电的力量。

通过这件事，富兰克林想到，如果在高大的建筑物上装一根金属导线，导线的下端接地，根据尖端放电的原理，就可避免建筑物遭到雷击。由此，他发明了现代的避雷针。

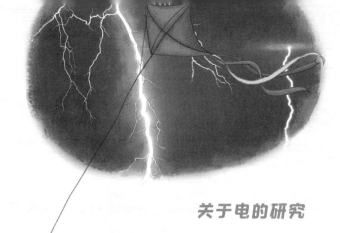

关于电的研究

雷电的力量太过强大了，稍有不慎就会使人丧命，于是很多科学家还是选择从身边的现象开始研究电。

比如，一个名叫库仑的科学家，对静电进行了深入的研究，发现了一些神奇的规律，人们称之为库仑定律。库仑定律指出，同种电荷相互排斥，异种电荷会产生吸引力，这种吸引力和引力遵循几乎相同的规律，不过要比引力大很多。这就解释了为什么用丝绸摩擦后的玻璃棒可以吸引碎纸屑，因为摩擦后的玻璃棒上带了电。

摩擦后带电的玻璃棒能吸引碎纸屑

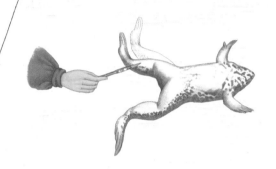

但是那时做实验用的电都要靠摩擦得来，这就有点费力气了。简单的方法也有，比如抓一条带电的鱼来，不过带电的鱼很难控制，看来科学家要想点新办法了。

一天，一位意大利医生偶尔把金属手术刀触碰到了解剖的青蛙腿上，已经死去的青蛙的腿竟然抽搐了。受到启发，物理学家伏特发明了伏特电堆（也叫伏打电堆），这就是最早的电池。从此以后，科学家终于不用再靠摩擦生电来研究电了。

> **拓展**
>
> 1799 年，伏特将含食盐水的湿抹布夹在圆形的银片和锌片中间，堆积成圆柱状，制造出最早的电池。将不同的金属片插入电解质水溶液中形成的电堆，通称伏特电堆。

银片
含盐的湿抹布
锌片

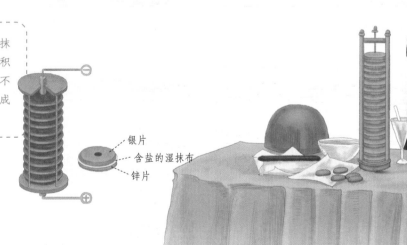

伏特电堆是世界上第一个化学发电器，它为后来的电学研究提供了稳定的大容量电源。电的研究迅速发展起来，伏特、安培、欧姆、焦耳这些光辉的名字都被载入史册，电学也作为一门新兴科学诞生了。

电的研究可以为我们的美好生活做贡献，可是如何才能把电的力量掌控在人类手中呢？这时法拉第出场了。

20 开启电气时代的法拉第

法拉第的父亲是一个铁匠，要是没有工业革命，或许法拉第就会继承父业成为一名小铁匠。可是工业革命来了，手工业受到了冲击，他家的日子自然也不好过，以至于法拉第只读了两年书就辍学了。

虽然近代科技给法拉第关上了一扇门，但是古代科技给他打开了一扇窗，凭借着中国传入的造纸术、印刷术，和当时英国已经较为发达的报业，法拉第成了英国大街上的一名报童。

当了报童的法拉第在送报途中常阅读顾客的书籍报刊。不过法拉第并没有到此止步，他通过自己的努力开创了一个新的时代。

机缘巧合下，法拉第成了物理学家戴维的学徒，不过戴维并没有把他当作学徒，而是当仆人来使唤。对此，法拉第并不在乎，他要的就是接触科学的机会。

送报的少年法拉第

第一台电动机

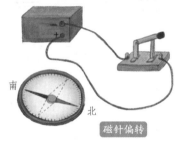

磁针偏转

1820 年，人们发现通电的导线可以让附近的小磁针发生偏转，这是一个很伟大的发现，这说明电和磁是可以相互作用的，但实验也就到此为止。因为谁也没有办法让小磁针有进一步的动作。

法拉第重复了这个实验，也没有新进展。有一天，法拉第灵机一动：电流可以让磁针转动，那么反过来会怎么样呢？磁铁会不会驱动导线动作呢？这一闪念堪比落在牛顿头上的苹果。

说做就做，法拉第把磁铁垂直固定在中间，上方悬着一根连接电源的导线（为了减少摩擦，法拉第选择用可以漂浮在水银上的铜导线进行实验），通电后，这根铜线就飞快地绕着磁铁转动起来，这可以说是人类历史上第一台电动机。

电磁感应现象

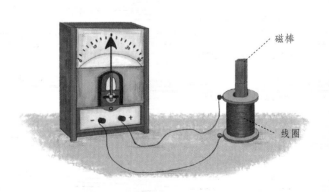

磁棒

线圈

有了电动机还不够，总不能用伏特电堆来驱动电动机吧，因为伏特电堆储存的电能实在太少了，根本就不可能支持电动机的长时间运转，因此，还必须找到一种可以持续输出电能的方法。

人类从掌握用火到发明蒸汽机用了上百万年时间，从发明电动机到发电机用了多长时间呢？法拉第用了 10 年。

1831 年 10 月 17 日，法拉第把一根磁棒插入线圈，神奇的现象出现了，连通线圈的电流计指针出现了摆动，这意味着由磁产生了电，这就是电磁感应现象。

圆盘发电机

磁铁插入闭合线圈后，电流计指针的偏转只持续了一瞬间，之后电流计又归零了。如何得到持续稳定的电流输出呢？法拉第又想到了转动，他用铜盘取代了线圈，并让铜盘能在磁铁中央转动，终于得到了稳定的电流输出，发电机出现了。

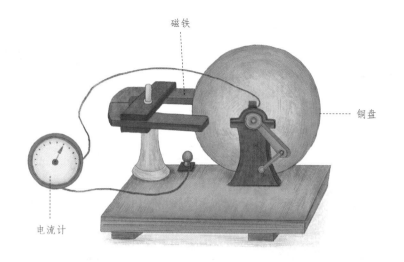

发电机的出现意味着人类可以轻松地获取电能，这引发了第二次工业革命，也让人类进入了电气时代。

19世纪70年代，电力作为新能源进入生产领域，逐步取代蒸汽成为工厂机器的主要动力，众多的家用电器也被创造出来，极大地改善了人们的生产和生活。

电气时代的来临，给人类社会带来的便利更多，生产效率更高。蒸汽时代用机器代替了人力，但蒸汽不可能远距离传输，因为距离会导致蒸汽温度下降，那么根据热力学第二定律，蒸汽的热能会减少。因此，以蒸汽为动力的设备附近必须有一个能使水沸腾产生高压蒸汽的锅炉作为热源。而电能却可以通过导线进行远距离传输，虽然也有损耗，但这点损耗相对于蒸汽热能的损耗来说是微不足道的，这就极大地提高了人们对能源的利用效率。

21 人类进入电气时代的大事件

如果电力只是作为驱动机器运转的能量，那么电气时代和蒸汽时代也没有根本的区别，只不过是效率更高一些。然而，电气时代并不这么简单，人们发现电还有很多神奇的本领。

照明

戴维和弧光灯

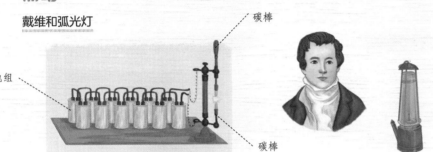

早在进入电气时代之前，法拉第的老师戴维就发明了弧光灯，它是电灯的雏形。不过戴维的电灯是利用电流通过碳棒时会发热，当温度足够高时通电碳棒之间会形成弧形的电火花，这和燃烧发光的道理差不多。

戴维还发明了一种安全矿灯，这种灯在矿井里点燃不会引起瓦斯爆炸，给矿工提供了最基本的安全保障，因而也被矿工们亲切地称作"戴维灯"。

亨利·戈培尔和真空灯泡

要想延长发光的时间，就不能让灯丝和空气中的氧气接触，这就需要用一个罩子把灯丝罩起来，这种被罩起来的真空电灯泡是在1854年由亨利·戈培尔发明出来的。戈培尔发明的灯泡已经可以照明400个小时，遗憾的是他没有申请专利。

加拿大工程师和"氮气灯专利"

1874年，两个加拿大的电气工程师把氮气充入玻璃灯罩中，使灯泡的使用寿命得以延长。因为通电会让灯泡中的灯丝受热膨胀，而氮气能够有效地保护灯泡和灯丝，延长灯泡的使用寿命。这一次他们及时地申请了专利，连爱迪生也只能买他们的专利。

爱迪生、钨丝灯和电力系统

爱迪生得到专利后，发现这个专利并不完美，他开始了漫长的改良之路，爱迪生试验了1600多种材料后，最终确定以钨丝作为灯丝，使灯泡的使用寿命超过了1000小时。

而爱迪生最大的贡献是建起了发电厂和电力传输系统，让电灯真正走入千家万户。

他还创造了一种新的科技创新模式——组建专门的发明创造团队。爱迪生名下的发明有1000多种，这都得益于这种创新模式。

通信

摩尔斯和电报

摩尔斯电码

摩尔斯原本是个画家，一个偶然的机会他接触到电磁学，并开始学习和研究。1837年，摩尔斯发明了新型的电报机和对应的摩尔斯电码。

他的电报系统由发报机和接收机组成，当发报机的开关按下时，接收机的电磁铁通电产生磁性，就会吸引衔铁，使与衔铁相连的铅笔在移动的纸条上留下痕迹。收报员通过对比痕迹和摩尔斯电码，就能破译电文了。

海底电缆

电报不但可以在陆地上传播，随着1866年跨越大西洋的海底电缆铺设成功，电报做到了跨海传递信息。

贝尔和电话

电报发明之后，人们一直想用电流来传递声音，不过因为声音是连续的，一直找不到好的办法。没想到这个问题却让一个聋哑人教师贝尔解决了。

贝尔制作了两个圆筒，圆筒内装满了硫酸溶液，溶液中插着一根和底部连接的碳棒，圆筒的顶部则是膜片，说话时声音使膜片振动，就会引起电阻变化，进而引起电流变化，就可以传递声音了。

电磁波信号

证实电磁波存在

麦克斯韦

赫兹

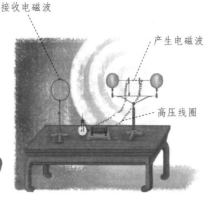
接收电磁波　　产生电磁波　　高压线圈

法拉第逝世之后，麦克斯韦接过了电磁学的旗帜，1865年，他预言了电磁波的存在。1888年，赫兹用实验证实了电磁波的存在。

马可尼和实用性电磁波发射装置

在赫兹证实电磁波存在的几年后，马可尼就利用电磁波敲响了电铃，揭开了人类利用电磁波的序幕。

他的电磁波发射装置，从最初的穿透楼板敲响电铃，到后来的可以翻越山冈，通信距离不断增长，这意味着电磁波达到了可以应用的地步。

电磁波的第一个应用就是无线电报。通过电磁波收发装置可以不用架设电缆，只要发射装置的功率足够强大就可以让信号传遍地球的任意角落。

电离层

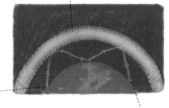
电离层　　发射台　　接收台

电磁波根据频率、波长的不同，具有不同的传播特性。地球上空的电离层对电磁波的传播有很大影响。比如，电磁波中的短波就会因为容易被电离层反射，而在地球表面做连续折射传播，这种传播形式有点像我们常见的回音壁。

泰坦尼克号沉没前发出的电磁波求救信号

电磁波还有一个优点——只要有适合频率的电磁波接收器，就可以接收到电磁波信号。泰坦尼克号沉没前，就曾用电磁波向附近的船只发出过求救信号。

娱乐

收音机

马可尼关于无线电的研究还应用在了收音机上，也有人说收音机并不是马可尼的发明，而是波波夫发明的，但确实是马可尼建造了第一家收音机工厂，将收音机变成民用产品走进千家万户。

波波夫和无线电接收机

俄国的波波夫也是无线电通信领域的翘楚之一，他在1894年发明了他的第一架无线电接收机。

波波夫还发明了一种天线装置，将检波器的一端与天线连接，另一端接地，就可以检测到许多千米以外大气中的电波。这是人类首次利用天线接收到自然界的无线电波。

会唱歌的留声机

留声机是一种可以记录并放出声音的机器。爱迪生发明了一种带针的膜片，声音振动使得金属尖针把声波信号刻录在急速旋转的蜡纸上；反向操作此过程，声音就能复原了。

电影

活动电影放映机　　电影摄影机

电影是由摄影机拍摄真实影像，再由放映机显示出来的影像艺术。

活动电影放映机的概念是由爱迪生最早提出的，后来他的员工迪克森实现了这项技术。迪克森和团队还设计了电影摄影机，可以连续地拍摄图像，于是商业电影诞生了。

电视

可是，看电影还要走出家门，而且电影也不能像广播那样传送即时信息。而广播虽然能及时传递信息，却不能看到影像，时代的发展迫切需要一种把两者结合起来的技术。

1925年，贝兰德发明了电视机，实现了广播和电影的结合。1936年，英国广播公司实现了第一次电视广播，黑白电视机进入了大众视野。

22 "喝油" 的汽车、飞机与石油时代

前面我们讲到，蒸汽机带来了第一次工业革命，然而蒸汽机的效率很低，还离不开烧煤炭的笨重锅炉。为了提高效率，人们发明了内燃机，这是一种可以使燃料在机器内部燃烧，将热能直接转换为动能的热力发动机。有了它，热效率确实提高了很多。不过，内燃机需要用到一种新型的燃料，那就是石油。

宋代沈括的《梦溪笔谈》中就有关于石油的详细记载，"石油"这个名字也来自沈括。在当时，人们已经知道用石油来生火做饭、取暖，沈括预言石油在未来一定会有广泛的应用，只是这个"未来"来得有点晚。

1852年，人们从在煤中提取煤油的方法中受到启发，找到了从石油中提取煤油的办法。不过，那个时候人们也只是用煤油来照明，应用不多。直到汽油被提炼出来，内燃机终于找到了合适的燃料，人类也迎来了石油时代。

内燃机的应用和创新

燃油汽车

1886年，卡尔·本茨和戴姆勒几乎同时独立造出了使用汽油发动机的汽车，但是作为"初生的婴儿"，汽车的问题还不少，就连卡尔·本茨自己都不好意思开动这个"轰鸣的怪物"。

勇敢的本茨夫人亲自驾驶着这辆汽车，带着孩子们从家出发去孩子们的奶奶家。这是汽车诞生以来第一次长途试驾，旅途的成功向人们展示了这个新发明的可靠性。之后，汽车渐渐被人们接受了。

再后来，卡尔·本茨和戴姆勒都创办了自己的汽车公司，1926年，两家公司合并，取名为戴姆勒－奔驰汽车公司。

飞机

汽车在速度上已经超越了陆地上的所有动物，什么时候人类才能实现飞天梦呢？

1900—1903年，美国的莱特兄弟进行了1000多次滑翔试飞后，终于成功制造出第一架依靠自身产生动力，并可载人飞行的滑翔机。从此，飞机的发展进入了新的阶段。

医药

合成纤维

洗涤剂

农药

油漆

石油

化肥

橡胶

炸药

化肥

石油的广泛用途

石油不仅可以作为机器的燃料，还进入了人们生活的方方面面。

生活中的塑料制品、汽车的橡胶轮胎，还有做衣服用的化纤、制药的原料都离不开石油产品，农业上使用的化肥、农药也和石油有着密切的关系。

有封闭式座舱的 现代大型客机 。

莱特兄弟：真正的 飞机 诞生啦！

飞行器的发展

在阿基米德的年代，人们就知道了浮力。翱翔蓝天同样要用到浮力，这就有了两种思路：一种是飞行器比空气轻，一种是飞行器比空气重。到了近代，这两种思路几乎同时实现了人类的飞天梦。

轻于空气的飞行器有热气球和飞艇，它们的主体是一个充满氢气或氦气的大气囊。由于氢气和氦气都比空气轻，自然就可以升空了。

重于空气的飞行器有扑翼机、滑翔机、飞机等，是借空气的反作用力获得上升力量的一类飞行器。

当飞行器获得的浮力足够大时，就可以把人带上天空了。

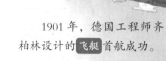

1901 年，德国工程师齐柏林设计的 飞艇 首航成功。

英国工程师乔治·凯利制造出了可载人飞行的 滑翔机 ，德国人奥托·李连塔用帆布悬挂在柳木制成的横梁上，造出了 悬挂式滑翔机 。

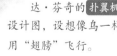

达·芬奇的 扑翼机 设计图，设想像鸟一样用"翅膀"飞行。

1783 年，孟格菲兄弟进行了第一次载人 热气球 飞行。

风筝 在 2000 多年前就被发明出来了，除娱乐外，还曾被用在军事上传递情报。

古希腊数学家阿契塔发明的 机械鸽 是世界上第一个人造的自动飞行装置。

向往飞鸟

> ➤ 拓展 ◄
>
> 20 世纪初，中国也出现了一位优秀的飞机设计师、制造师，他的名字叫冯如。在 1910 年美国旧金山举办的世界飞行大赛中，冯如一举夺魁，当时美国各大报纸的头条都是：中国飞行技术超越西方。

23 人类的"火眼金睛"——X 射线

在《西游记》中，无论多么狡猾的妖怪都逃不过齐天大圣的眼睛，那是因为齐天大圣有一双火眼金睛。

1895 年，人类也拥有了"火眼金睛"。

第一张 X 光片

1895 年 12 月 22 日晚上，伦琴夫人来到伦琴的实验室，伦琴让夫人把手放在实验设备和荧光屏之间，然后启动了设备，不可思议的现象出现了：荧光屏上出现了伦琴夫人手部的骨骼和手上戒指的影像。这是怎么回事？难道伦琴夫人是白骨精转世吗？伦琴夫人惊恐不已，而伦琴却很平静。他当然知道夫人不是白骨精，之所以荧光屏上会显现夫人的手骨，是因为他的实验设备发出了一种神秘的射线，这种射线就是 X 射线。

X 射线为什么能拍出骨骼照片？

这是因为 X 射线是一种波长很短的电磁波。对于电磁波来说，波长越短，蕴含的能量就越高，穿透性也就越强。

电磁波在生活中随处可见，传播电视、广播信号的无线电波是电磁波，我们看到的阳光、灯光等可见光也是电磁波。这些电磁波的波长都很长，因此是不能穿透物体的。

X 射线和 γ 射线都属于短波，能量较大，具有极强的穿透性。又因为不同人体组织的密度和厚度有差异，对 X 射线的吸收程度不同，所以 X 射线可以穿透皮肤、肌肉，遇到骨头却穿不过去。这就好比在书上蒙了一块纱布，我们可以透过纱布隐约看到纸上的字，却不能透过这页纸看到下一页的内容。

那 X 光片又是怎么成像的呢？这就和阳光照在身上，会在身后出现影子一样。X 射线穿透了皮肤、肌肉，却不能穿透骨骼，就在后面的显示屏上出现了骨骼的"影子"。

X 射线我们是看不到的，那么 X 射线产生的影子怎么能被看到呢？这是因为显示屏上涂了荧光物质，X 射线使得荧光物质发光，我们就能看到骨骼成像了。

现在，我们知道了 X 射线有两个特征，一个是穿透力较强，另一个是可以使荧光物质发光，X 射线的应用就利用了这两个特征。

电磁波谱

电磁波种类	频率 / Hz	波长 / m
无线电	10^4	10^3
微波	10^8	10^{-2}
红外线	10^{12}	10^{-5}
可见光	10^{15}	10^{-6}
紫外线	10^{16}	10^{-8}
X 射线	10^{18}	10^{-10}
γ 射线	10^{20}	10^{-12}

X 射线的应用与防护

X 射线自从被发现后，就开始为人类的健康保驾护航。

1896 年，一名医生借助 X 射线从患者的软组织中取出了一根针，X 射线诊断开了医疗影像技术的先河。在 X 射线的照射下，人体的器官、组织清晰可见，拥有了 X 射线就意味着人类有了"火眼金睛"。

居里夫人和流动 X 光车

在第一次世界大战期间，居里夫人就组建了医疗队，用 X 射线查看伤兵体内弹片的位置，帮助上百万伤兵解除了病痛。伤兵们都亲切地称居里夫人为"硝烟中的女神"。

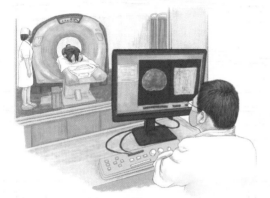

计算机断层扫描技术（CT）

20 世纪 70 年代以后，X 射线和计算机等技术结合，出现了计算机断层扫描技术（CT），大大提高了医学临床诊断的准确性。现在 X 射线的研究已经成了一门新的科学——医疗影像学。

X 射线不仅可以用来帮助诊断，还能用来治疗疾病。用 X 射线对准肿瘤细胞定点照射可以杀死肿瘤细胞，放射疗法是目前治疗肿瘤的主要手段之一。

X 射线还被用来进行金属探伤和安全检查。工业上的金属探伤利用的就是 X 射线能在一定程度上穿透金属材料这一特点，要是金属内部有孔洞、裂纹的话，X 射线探测仪成像后就能看到了。在车站、机场等地检查行李中的危险物品用的 X 光安检机也利用了 X 射线扫描成像技术。

X 射线金属探伤仪

X 光安检机

拓展

X 射线防护

X 射线并不能分清敌我，在 X 射线照射下，正常细胞也会死亡，长期照射可能造成脱发、皮肤烧伤等病变，严重的还可能造成白血病。因此，在使用 X 射线时一定要做好防护工作。在伦琴的时代，他就已经发现了，X 射线并不能透过某些致密的金属，所以操作 X 射线的人员都会戴着铅手套。

铅帽
铅眼镜
异形铅围领
铅围裙
铅手套

现代全套防护装备

此外，X 射线还被应用在电离计、闪烁计数器和感光乳胶片等多个领域。

伦琴与诺贝尔奖

因为发现了 X 射线，伦琴获得了 1901 年颁发的第一届诺贝尔物理学奖。科学家们纷纷开始研究这种神奇的射线，单单在 X 射线领域，先后就出现了 8 位诺贝尔奖获得者。借助对 X 射线的研究，人们还发现了物质的放射性，关于放射性研究最著名的就是居里夫人了。X 射线、物质的放射性现象和电子被称为 19 世纪末物理学的三大发现。X 射线的发现和研究，对后来的物理学乃至整个科学技术领域的发展都产生了巨大而深远的影响。

24 认识原子

在很久以前，古希腊的德谟克利特认为世界由原子构成，原子是最小的颗粒，且不能再分。不过这只是哲学家的一种想象，还没有得到科学的验证。

那么，科学范畴里的原子是不是还可以再分呢？早在确定原子存在之前人们就知道不能了。人们对原子结构的认识是一个逐步深化的过程，原子的结构模型也在一代代科学家的研究和发现中走过了几个重要阶段。

模型三：有核原子模型

模型四：波尔原子模型

模型二：葡萄干蛋糕模型

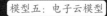

模型五：电子云模型

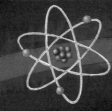

模型一：实心球模型

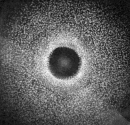

1911 年，卢瑟福通过著名的 α 粒子散射实验发现原子内部还有一个小小的核心，也就是原子核。在此基础上，卢瑟福提出了有核原子模型。

1913 年，波尔在有核原子模型的基础上，提出了电子在核外的量子化轨道，解决了原子结构的稳定性问题，描绘出完整而令人信服的原子结构。

1897 年，汤姆森在研究阴性极射线的性质时无意中发现了电子，并在1904 年提出"葡萄干蛋糕模型"。

20 世纪上半叶，伴随着对原子结构认识的深入及物理学界的量子革命，电子云模型建立起来了，这是用统计学的方法对核外电子空间分布进行三维描绘的模型。

1803 年，英国科学家道尔顿提出了最早的原子结构模型。这个模型就像一个实心的小球，因而也叫作"实心球模型"。

现在，我们对原子应该有了一个基本的认识，原子由原子核和核外电子构成，原子核几乎集中了原子的所有质量。要是把地球当作一个原子的话，原子核大约相当于一个直径为 1 千米的球；要是原子有一个体育馆那么大的话，原子核只相当于一个小小的玻璃球。原子核又可以分为质子和中子，质子和中子的质量差不多，中子略重一点。其中电子带负电荷，质子带正电荷，中子不带电荷。

对原子有了基本的认识后，就可以解开元素周期表的秘密了。与早期门捷列夫按照原子量的大小排列的元素周期表不同，我们常见的维尔纳长式元素周期表，是按照各元素原子的质子数多少排列的。质子数相同的一类原子，其化学性质是相同的，这才是元素周期表背后真正的秘密。

在知道了元素周期表的秘密后，科学家就尝试人工合成新的元素了。把一个质子打进一种元素的原子核中，那么质子数就会增加一个，理论上这就形成了一种新的元素。至今已有 20 多种人工合成元素。

既然原子的质子数可以增加，那么会不会减少呢？这也是可以的。这就是元素的放射性。

在发现电子的前一年，人们就发现了一些元素具有放射性。

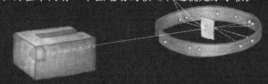

拓展

打开研究微观世界大门的 3 把钥匙

前面我们提到的伦琴在 1895 年发现的 X 射线和后来亨利·贝可勒尔在 1896 年发现的放射性物质，以及汤姆森在 1897 年发现的电子，被称作"撕开原子内部，打开研究微观世界大门的 3 把钥匙"。

不过，伦琴当时研究的是阴极射线，X 射线只是一个顺带发现的副产品。阴极射线是一种能在阴极射线管（克鲁克斯管）中就可以观察到的电子流。1897 年，汤姆森在研究阴极射线的性质时无意中发现了电子，证明原子不是最小的粒子。

阴极射线管

放射性

放射性是由法国科学家亨利·贝可勒尔在 1896 年研究磷光材料时发现的。放射性是原子核自发地放射出各种射线的一种自然现象，这些射线中最常见的是 α 射线、β 射线和 γ 射线。普通的物质是没有放射性的，只有某些特殊的元素，如铀和镭等，才会发生放射现象。

α 射线穿透一张薄纸

β 射线穿不透一张薄金属片

γ 射线穿透性最强，但也穿不透混凝土墙壁

卢瑟福 α 粒子散射实验中用来轰击金箔的就是 α 射线，β 射线是高速运动的电子流，而 γ 射线则是一种能量非常大的电磁波。居里夫人研究的镭元素就能放射出 α 和 γ 两种射线，并生成放射性气体氡。

至于镭元素为什么可以释放出能量，我们在后面的部分会继续讲。

拓展

α 粒子散射实验

1909 年，卢瑟福用来验证汤姆森"葡萄干蛋糕模型"的 α 粒子散射实验中，轰击金箔的 α 粒子就是 α 射线。实验发现，大部分粒子确实穿了过去，可也有几个粒子发生了高于正常值的偏转，这意味着原子内部大部分是空荡荡的，而在中间有一个强电场的核心，这就是原子核。

拓展

爱因斯坦奇迹年

1905 年，在科学史上是可以和牛顿乡下岁月媲美的一年，这一年被称为"爱因斯坦奇迹年"。

这一年，爱因斯坦提出了一种数学方法为原子假说提供了依据，并且得到了实验证实。从这时候起，人们才确定了物质是由原子构成的。也是在这一年，26 岁的爱因斯坦发表了 5 篇划时代的科学论文，分别是关于光电效应、布朗运动、相对论、质量和能量关系的，一时间风头无两！其中最重要的当然是创立狭义相对论的《论动体的电动力学》和《物体的惯性同它所含的能量有关吗》。

这一年，爱因斯坦横空出世，打开了科学的新时代。

$$E = mc^2$$

爱因斯坦

25 原子弹

1945 年 8 月 6 日，日本广岛上空升起了一朵巨大的蘑菇云，在一瞬间，这座城市就变成了人间地狱，这朵威力巨大的蘑菇云就是原子弹爆炸造成的。

同年 8 月 9 日，美国又在日本长崎投下了第二颗原子弹。8 月 15 日，日本正式宣布无条件投降。原子弹的投放可以说直接促成了第二次世界大战的结束，但也打开了魔鬼的牢笼，从此以后，人类就处于核武器的阴影之下。

核武器的威力来自哪里？

核武器是人类有史以来最可怕的武器，它完全有能力毁灭人类。那么核武器的威力来自哪里呢？

居里夫人在研究放射性物质时，就发现镭在黑暗中会发出幽幽的蓝光和热量，这热量比手心的温度还高，只是当时人们都不知道这是什么原因。

直到 1905 年，爱因斯坦推导出了著名的质能方程，指出物质可以转化为能量，才解开了这个谜。镭元素在衰变的时候损失了一部分质量，这部分质量就转变成了能量，这就是光和热的来源。

这可是个伟大的发现，千百年来，人类一直在寻找高效的能量，在这种信念的推动下，人们发明了蒸汽机，又发明了发电机，而原子能看来是更加高效的能源。

但要想利用原子能，还有很长的路要走。

原子内部的能量是如何释放出来的？

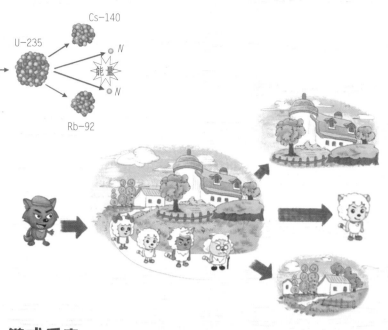

科学家们发现把一个中子送进一些特殊的原子核中，原子核就会分裂成两半，而且分裂后的原子核的质量加起来比原来的原子核质量要小一些，这就是损失了质量，损失的这部分质量转换为能量，就是原子能了。

你也可以这么去理解：灰太狼跑进了羊村，对于团结、稳定的羊村来说，灰太狼并不能造成什么破坏；要是羊村不团结、不稳定，就有可能分裂成两个或多个，在分裂的过程中也难免会有几只小羊走失，走失的小羊就相当于核裂变时损失的质量。

若只有这一个原子裂变，释放出来的原子能微不足道，若是能连续反应呢？

链式反应

在燃放鞭炮的时候，要是没有导火索，鞭炮也就只能响一声。是导火索让我们听到"噼里啪啦"响成一片的爆炸声，链式反应就是原子能的导火索。这就需要中子撞击原子核产生核裂变以后，继续产生新的中子，新的中子再撞击其他原子核，这样原子能就会源源不断地释放出来。

这就好比灰太狼闯进羊村之后，生出来小灰灰，小灰灰又奔向新的羊村，这样周而复始，损失的小羊就越来越多，产生的能量也就越来越多。

曼哈顿计划

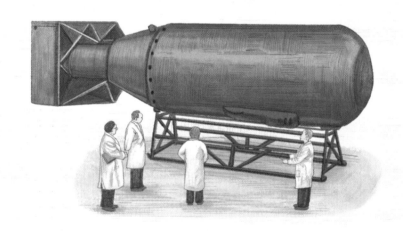

任何一个伟大的科学家都不希望自己的研究成果成为毁灭人类的武器。不过，当时正值第二次世界大战期间，邪恶的轴心国（德国、日本、意大利）启动了原子弹研究。为了不让这些野心家率先掌握这一杀伤力巨大的武器，毫无顾忌地毁灭人类，爱因斯坦等科学家在恳请美国政府研究原子弹的书信上签了字，于是曼哈顿计划启动了。

曼哈顿计划几乎汇聚了全世界的科学精英。这些科学家众志成城，终于赶在纳粹之前研制出了原子弹。但是原子弹的爆炸也让这些科学家后悔不已，爱因斯坦就曾说："这是我一生中最大的错误。"

原子能的未来

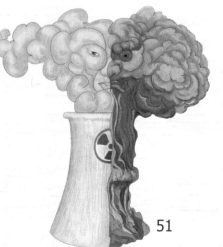

直到现在，原子弹都是人类的噩梦，它就像是悬在人类头上的一把利剑，稍有不慎就会使人类遭受灭顶之灾。

但是原子能带给人类的并不只有恐惧，原子能是目前最高效、最清洁的能源之一，核电站就是和平利用原子能的最好方式。我们相信智慧的人类一定会更好地利用原子能，为全人类造福。

26 计算机

"曼哈顿计划"不仅造出了原子弹，还催生了一个副产品，这个副产品比起原子弹来一点也不逊色，它就是电子计算机。

庞大的计算需求

随着电气时代的到来，聪明的人们想到了把电应用到计算机上，计算机的速度虽然快了许多，但是真正意义上的计算机出现还要等到1946年才能出现。

"曼哈顿工程"中需要大量的计算，不管是当时的计算尺，还是机械式计算机都不能满足制造原子弹的巨大计算需求。

著名的数学家冯·诺依曼想到了一个办法，就是把计算过程分解成很多个步骤，然后由很多人来分别计算。于是，"曼哈顿计划"雇了200多名女计算员用计算器来完成计算工作，这一招后来也被各国竞相模仿，我们国家制造原子弹时就是靠大家用算盘打出来的。

虽然完成了任务，但是冯·诺依曼并不满足，他想要一台可以快速完成庞大计算量的机器。

曼哈顿计划中的女计算员

计算机的前世今生

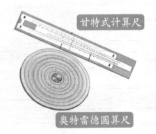
甘特式计算尺
奥特雷德圆算尺

算盘

计算机说起来很神秘，但其实在很早以前中国就有了计算机，它的名字叫"算盘"。算盘和计算机在原理上基本相同，而不同之处有以下两点：一是算盘不能自动计算，需要人工拨弄算盘珠；二是算盘只能进行简单的加减乘除，不能进行复杂的运算。

计算尺

为了适应复杂的运算，人们发明了计算尺；为了解决自动计算的问题，人们又开始研究机械式计算机。

机械式计算机

帕斯卡的机械式计算机虽然能够通过机械转动完成运算，但也只能进行加减运算。且机械式计算机由齿轮和杠杆等机械部件组成，不但容易出问题，而且运算速度也非常慢。

莱布尼茨计算机

在帕斯卡计算器的基础上，莱布尼茨进行了数次改进，并发明了莱布尼茨轮，让计算机可以直接进行乘除运算，还解决了进位问题。他发明的二进制对后来计算机的发展也产生了很大影响。

巴贝奇的差分机

巴贝奇设计的内部结构非常复杂的差分机终于能够进行微积分计算了，与前辈们相比，他的计算机计算效率提高了很多。

1946 年，世界上第一台通用电子计算机诞生了，它就是 ENIAC（电子数字积分计算机）。关于 ENIAC 是不是第一台电子计算机的说法一直有争论，有人说此前的 ABC（阿塔纳索夫 – 贝瑞计算机）才是第一台电子计算机，还有人说第二次世界大战期间图灵用来破解纳粹德国密码机的设备就是计算机。但不管怎么说，新世界的大门被推开了，计算机时代开始了。以后的计算机都被称为冯·诺依曼计算机，因为都使用了冯·诺依曼结构。

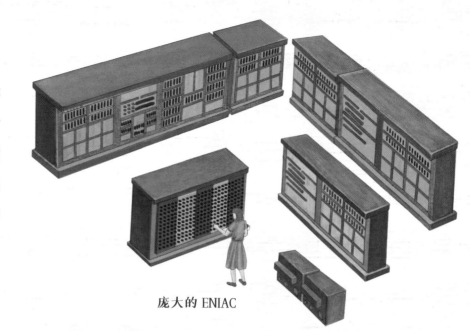

庞大的 ENIAC

不过，当时的 ENIAC 可没有今天的计算机这么小巧，而是一个高 2.4 米、重达 30 吨、占地 170 多平方米的庞然大物，一个普通的三居室都装不下它。它的运算速度在现在看来也不算太快——每秒计算 5 000 次加法，不过在当时已经相当于 1 000 人的计算量了。ENIAC 就像一个初生的婴儿，它的诞生必将改变世界。

人类依靠计算机驱动各种机器，在各行各业，计算机已经成了人们不可缺少的助手。

科学计算

主要应用在航天工程、气象、地震、核能技术、石油勘探和密码解译等涉及复杂数值计算的领域。

自动控制

目前已在冶金、石油、化工、纺织、水电、机械和航天等领域得到广泛应用。

计算机辅助设计

在飞机制造、汽车制造和造船等行业中用计算机辅助设计、教学、制图等。

信息处理

广泛应用于情报检索、文字处理、统计、事务管理、生产管理自动化、决策系统、办公自动化等方面。

娱乐

计算机给人们带来了更好的娱乐体验，娱乐方式也更加多样化。

人工智能

计算机推理、智能学习系统、机器人等方面有了广泛的应用。

计算机不只是人类的助手，而且在很多方面都超过了人类，在计算能力上即便是第一台电子计算机 ENIAC 也已经把人类远远地抛在了后面。当 2017 年人工智能机器人阿尔法围棋（其计算能力是超级计算机"深蓝"的约 3 万倍）战胜围棋冠军柯洁的时候，人类学习能力的遮羞布也被计算机扯掉了，以至于人们惊呼未来计算机将取代人类。

这可能有点杞人忧天了，汽车、飞机早就超过了人类，可是人类并没有被取代。不过，可以肯定的是，人类将会和计算机一起开创未来的美好世界。

27 半导体与硅基世界

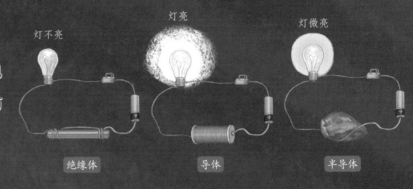

灯不亮　绝缘体　　灯亮　导体　　灯微亮　半导体

能导电的物体叫作导体，金属就是最常见的导体，其中银的导电性能最好。人体也是导体，因而我们在生活中用电时要特别注意，防止触电。

不能导电的物体就是绝缘体，橡胶、皮毛和玻璃都是绝缘体。

还有一种物质的导电性能介于导体和绝缘体之间，那就是半导体。

关于半导体，19 世纪的人们就已经开始研究并有了初步认识，但真正的应用还是在第二次世界大战之后。

晶体管的问世

第二次世界大战结束后不久，美国贝尔实验室发明了晶体管，这是一个划时代的发明。在此之前，所有的电子设备，包括日常用的收音机、电视机，军事用的雷达，还有早期的计算机，使用的都是真空电子管。

电子管

晶体管

真空电子管的体积较大，而且消耗大，电利用效率低，发热量大，时代呼唤一种新的电子元器件出现，晶体管应运而生了。

晶体管问世后，首先应用在了收音机上。一时间，精致小巧的便携式收音机风靡了世界。不过，你要是以为它仅仅用在日常电子产品中，就有点小瞧了这个伟大的发明。

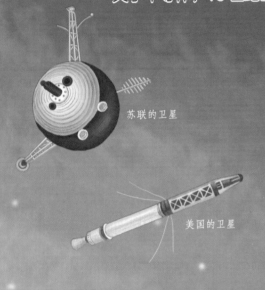

苏联的卫星

美国的卫星

集成电路之父
杰克·基尔比

⌕ 拓展

集成电路

1957 年，第一颗人造地球卫星飞上了太空，这是人类迈向太空的第一步。全世界都在为之欢呼，美国人却有点不开心了，因为这是苏联人发射的。为了赶超苏联，美国在自己的人造卫星项目上组建了把晶体管小型化的项目，也就是集成电路。

集成电路就是用半导体材料制成的电路的大型集合。集成电路问世后，逐渐进入了生产生活的方方面面。电视机、音响、影碟机，当然还有计算机都离不开集成电路，工业上的各种控制模块也需要用到集成电路。

半导体的应用

光伏发电

卫星上天之后，如何才能让卫星在太空中长期工作成了大问题，这又到了半导体大显身手的时候了。

半导体有一个特性，就是在太阳光照射下能将光能直接转变为电能，也就是光伏发电。只要在卫星上带上一块由半导体制成的太阳能电池板，在太空源源不断的阳光照射下就会有取之不尽的电能。现在光伏发电已经进入千家万户，是一种清洁、高效的可再生能源。

半导体激光器

光伏发电是用光来产生电，那么反过来能不能用电来产生光呢？当然可以，不过产生的光可不是普通的光，半导体材料释放出来的光是激光。这种光具有发散度小、亮度高、方向性好等特点，发出激光的仪器就叫作半导体激光器。

激光在军事上、工业上的应用自然不必多说，在生活中也可以找到许多激光的踪迹，比如用来欣赏音乐的激光唱片机、用来存储信息的光盘等。

蜂窝式移动电话

1976 年，美国贝尔实验室又有了一个新发明——蜂窝式移动电话，就是俗称的手机。现在手机已经成了人们不可缺少的信息处理工具，这背后还是半导体的功劳。

蜂窝移动通信系统

移动电话当然离不开交换无线电信号的基站，每个地理范围内都有多个基站，并受一个移动电话交换机的控制，这就形成了覆盖一定区域的蜂窝移动通信系统。

发光二极管和 LED 等

说起激光二极管你可能会有点陌生，但说到发光二极管（LED）你可能就熟悉了。我们许多家用电器的指示灯，包括照明用的节能灯都离不开发光二极管。

发光二极管是一种能发光的半导体电子器件，早在 1962 年就已经出现了，最初只能发出红光，多用在指示灯上，后来研究出能发出绿光和蓝光的发光二极管，才有了照明用的 LED 灯。因为照明需要的是白光，而只有红、绿、蓝 3 种颜色混合才能产生白色光源。

光纤通信

在蜂窝移动通信系统中，基站连接到城域网、核心网都是通过光纤通信来完成的。光纤通信具有容量大、损耗少、抗干扰性强等优点。光纤通信需要激光发射器，其中最常用的就是半导体器件，而光信号的识别也需要用到激光二极管。

白炽灯　　　　LED 灯

半导体在集成电路、光伏发电、通信、照明等诸多领域都有着广泛的应用，大部分的电子产品，如计算机、移动电话等的核心单元也都和半导体有着极为密切的关联。

半导体产业的主要原料是硅元素，因此可以说，现在日益庞大的半导体行业是构建在以"硅"为基础上的"硅基世界"。

28 星辰大海

早在远古时期，人们就对太空充满着向往。我们有后羿射日、嫦娥奔月等美丽传说，也有过"万户飞天"的探索，月球旅行是小说家们最常用的构想，太空可以说是人类最想要到达的地方之一。

17世纪，牛顿力学解决了飞出地球的理论问题，1944年，伦敦郊外的一声巨响让这个梦想开始了新的篇章。

这声巨响是德国发射的弹道导弹引起的轰炸，它从德国出发冲出卡门线进入外太空，飞越了英伦海峡后到达伦敦，是人类历史上第一个飞行至外太空的人造物。

德国战败后，导弹引起了人们的强烈兴趣，人们忍不住猜想，要是把导弹上的弹药换成载人飞行器，人类是不是就可以飞出地球了？

嫦娥奔月
人们对太空一直充满向往，早就想飞到月球上居住。

仰望星空
从远古时期，人们就开始仰望星空。

万户飞天
明代的陶成道是"世界航天第一人"，月球背面还有一座以他的名字命名的环形山——万户山。

V-2 火箭
这是第二次世界大战期间德国研制的火箭导弹，它是现代航天运载火箭的先驱。

人造卫星
1957年，苏联成功将第一颗人造卫星"斯普特尼克1号"送入太空。"斯普特尼克2号"发射时还携带了一只名叫"莱卡"的狗，它是第一个进入外太空的地球生物。

探险者1号

1958年，美国成功发射了自己的卫星"探险者1号"。

东方红一号

1970年，中国成功发射了"东方红一号"卫星。

莱卡

载人飞行
1961年，加加林成功实现载人绕地飞行，人类第一次从太空中看到地球的全貌。

2003年，杨利伟乘坐"神舟五号"进入了太空，中国人掌握了载人航天技术。

空间望远镜

1989 年，哈勃空间望远镜进入近地轨道，它就像人类在太空中的眼睛，让人类看到了 200 多万光年以外的深空。

无人星际探测器

1977 年，美国发射了两颗无人星际探测器"旅行者 1 号"和"旅行者 2 号"，它们目前已经飞出了太阳系，朝着星辰大海继续前进。

1957 年 10 月 4 日，苏联成功发射了人类第一颗人造卫星"斯普特尼克 1 号"。卫星成功上天了，下一步就要考虑实现人类进入太空了。不过，人类的飞天梦却被一只名叫"莱卡"的狗抢先了。遗憾的是，这只"太空犬"在进入太空后几个小时就失去了生命，不过这也为人类进入太空积累了宝贵的经验。

1961 年 4 月 12 日，苏联宇航员加加林乘坐宇宙飞船首次进入太空，他用 1 小时 48 分完成了绕地飞行一周的任务。

接连在卫星发射和载人航天两个项目上落后于苏联，这让美国人很不开心，他们启动了登月计划。1969 年 7 月 16 日，"阿波罗 11 号"飞船自地球起飞，经过 4 天的航程，成功抵达月球。阿姆斯特朗踏出了登陆月球的第一个脚印，他说："这是我个人的一小步，却是全人类的一大步。"

人类的太空时代全面开启了！

到目前为止，人类的太空探索取得了很多辉煌的成就。全球已研制出 80 多种航天运载器，近地轨道上运行着 800 多颗各种功能和用途的卫星，发射的探测器拜访了太阳系内的多颗行星和小行星；已有 400 多位航天员先后进入了太空，建造了礼炮号、和平号等多个空间站，开展了各种空间试验。然而，对于去往星辰大海的征途，这些也只是"一小步"。

空间站

1971 年"礼炮 1 号"空间站建成，这是人类历史上第一个空间站，从此人类在太空有了短暂停留和工作的场所。

太空行走

1965 年，苏联宇航员列昂诺夫走出"上升 2 号"飞船舱外，成为首位实现太空行走的宇航员。

登上月球

1969 年，阿姆斯特朗和巴兹·奥尔德林成功登上月球。

29 人类的健康卫士——抗生素

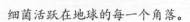

很早以前，人类就自认为成了地球上的霸主，不管是凶猛的狮子，还是翱翔蓝天的雄鹰，都感受到来自人类的威胁，可是有一种生物却对人类不屑一顾，它就是细菌。

细菌活跃在地球的每一个角落。

细菌也确实有资格"藐视"人类，它们是地球上最早的生命，早在35亿年前就活跃于地球的每个角落。它们中的大部分都能与人类和平共处，也就是**中性菌**；还有一些对人类有益，被称为**有益菌**；有一小撮是能导致传染病的细菌病原体，也就是**致病菌**。

弗莱明和青霉素

自从发现细菌会导致人生病以后，人们就开始寻找对付细菌的方法，可是一直收效甚微。

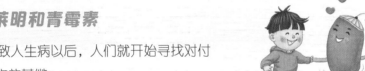

有益菌　　中性菌　　致病菌

直到1928年的这一天，英国的细菌学家弗莱明在结束休假后回到实验室，发现他培养的葡萄球菌居然溶解了。原来是因为在休假前他一时发懒没有清洁培养皿，结果培养皿里就长出了一层青霉。

青霉在我们的生活中很常见，腐烂的水果、食物表面经常会出现一层青绿色的"毛毛"，就是青霉。没有清洗的培养皿长出了青霉，这本来也是很平常的现象，可是敏锐的弗莱明却没有轻易放过。他发现在污染的青霉周围没有葡萄球菌生长，他猜测是因为青霉分泌出一种能阻止葡萄球菌生长的物质导致的，并把这种物质称为青霉素。

弗莱明关于青霉素的发现和研究在当时并没有得到人们的重视，直到1940年，佛罗理和钱恩通过大量实验证明青霉素可以治疗细菌感染，并成功从青霉菌培养液中提取出青霉素，一种神奇的药物诞生了。

1945年，发现青霉菌的弗莱明和提取出青霉素药物的佛罗理、钱恩共同获得了诺贝尔生理学或医学奖。

佛罗理　　钱恩

人类的健康卫士

青霉素成了特效药，挽救了无数人的生命。青霉素的诞生是人类抗菌药物史上的一座里程碑，它使败血症、伤寒、肺炎、咽炎、猩红热等病症都能得到有效治疗，对治疗伤口感染尤其有效。

第二次世界大战期间，青霉素在战场上挽救了无数士兵的生命，这使得美国把青霉素的制取方法列为最高机密，青霉素和雷达、原子弹一起被称为第二次世界大战期间最重要的三大发明。

有了青霉素的先例，人们开始寻找类似的抗生素。1945 年，对治疗结核病有特殊疗效的链霉素出现了，人类又战胜了一种疾病。如果说青霉素的发现有一定的运气成分，那么链霉素的发现则是科学家在掌握了系统的科学方法后的必然结果。在此之后，各种抗菌药物的发明就轻车熟路了。

青霉素和链霉素有一个共同的名字叫抗生素。到目前为止，人类已经发现了上万种抗生素，其中可用于治病的有数百种。抗生素可以用于治疗传染病、抑制寄生虫，有的可以用于心血管疾病的治疗，有的还能用于器官移植后的感染预防，抗生素已经成了人类的健康卫士。

葡萄球菌

心血管疾病

结核杆菌

结核病

螺旋杆菌

伤寒

伤寒杆菌

抗生素

猩红热

肺炎球菌

致病菌

被攻克的疾病

拓展

不可滥用抗生素！

不过，抗生素虽好，但不能滥用。长期大量使用抗生素，细菌会产生耐药性，具有耐药力的细菌经过不断的进化与变异，就会形成对抗生素具有抗性的"超级细菌"。目前人们对"超级细菌"还无可奈何，人类和细菌的斗争还在持续中。

抗生素

30 互联网

自从电报发明后，人们的沟通方式就更加便捷了。不过电报是单向的，而且只能一对一；电话就比电报高明了许多，可以即时双向交流了，不过它还是一对一的形式；广播电视向前跨越了一大步，实现了一对多的信息输出，不过它也被限制在了单向输出上，听众和电视里的播音员是无法交流的。

那么，有没有一种方式，既可以多对多，还可以双向交流呢？有的，这种方式就是互联网。与以前的信息交流方式相比，互联网多方视频是一种及时、便捷的信息交流方式。

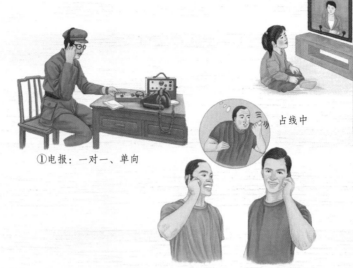
①电报：一对一、单向

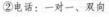
占线中

②电话：一对一、双向

③广播电视：一对多、单向信息输出

④互联网多方视频：多对多、双向实时交流

阿帕网 —— 互联网的萌芽

互联网的萌芽源于美国军方，当时世界正处于"冷战"的阴影下，美国军方担心战争中自己的指挥中心被摧毁，因此打算建一个在计算机上共享数据的网络，这样即便一个指挥中心被摧毁，通过网络也可以立即启用其他的指挥中心。

在这种思想指导下，1968年美国人建立了阿帕网。从这里可以看出，互联网的第一个特征——**共享**。

斯坦福研究院　犹他大学

加州大学圣巴巴拉分校　加州大学洛杉矶分校

最初的"阿帕网"由美国西海岸的4个节点构成：加州大学洛杉矶分校、斯坦福研究院、加州大学圣巴巴拉分校和犹他大学，4所大学共同建立起数据共享网络系统。

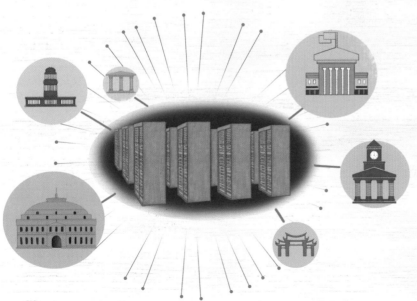

后来，阿帕网的思路吸引了科学家的注意。当时的计算机太昂贵了，而科学研究又离不开计算机，于是在美国国家科学基金会的资助下，他们把美国的5个超级计算机中心连接了起来，供美国的100多所大学共同使用，这就是互联网的第二个特征——**协作**。

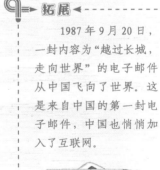

万维网 —— 网络"飞入寻常百姓家"

至此，网络还只是军方和科学界的专属，什么时候才能"飞入寻常百姓家"呢？

1989 年，欧洲粒子物理研究所的蒂姆·伯纳斯－李发明了万维网，彻底改变了人们的信息交流方式，人类从此进入了信息的海洋。

万维网的基本原理是把各种各样的知识存储在网络上的计算机中心，当需要查找这些内容时，只需要点击一个链接就可以了，这就是超文本链接，把文字、图像、视频结合在了一起。

网络通信

不过，这个时期的网络还停留在查找共享知识阶段，人们最基本的通信需求还停留在电子邮件阶段，功能性基本等同于电报，互联网上的电话又在哪里呢？

1998 年，以色列 3 个年轻人编写了 ICQ 软件，可以让人们通过网络即时交流，这就是最早的即时通信软件之一。在中国，这种软件就是大家熟知的 QQ 和微信。

各种聊天软件

无线互联网

此时的互联网还是不太方便，毕竟要连接网络至少需要一台计算机和一根网线。随着无线互联网技术的发展和手机的加入，现在只要拿起手机就可以寻找网络信号，进入网络世界了。

一部小小的手机，就能构建起网络世界

物联网 —— 万物互联

互联网的潜力远不止于此。随着网络购物的兴起，互联网已经深入人们的日常生活，然而这也只是互联网的冰山一角。万物互联的物联网才是互联网的未来。

在物联网时代，不但是手机、计算机会连接到网络中，我们身边的每个电器都会和网络相连：我们在路上就可以通过手机打开家中的空调，一进门就感受到凉风习习；冰箱可以根据冰箱中食物的多少帮助我们在网上采购食品；至于出门旅行，自动驾驶汽车不仅会带我们到达目的地，还可以通过网络选择最优路线。

物联网，将开启一个万物互联的时代。

31 能源的"进化"——太阳能核聚变

原子能的研发给人类带来了噩梦，也带来了希望。作为能源，原子能比石油、煤炭等传统能源好处多多了。

首先，原子能的能源效率非常高，核燃料的单位能源效率要比石油、煤炭高出几百万倍。

其次，原子能是一种清洁的能源，石油和煤炭在燃烧过程中都会释放出大量的二氧化碳。原子能是通过核反应从原子核中释放能量，不存在这个问题。

火电站

核电站

1951 年，美国就建成了世界上第一座核电站，中国的第一座核电站在 1991 年并网发电。现在全世界有 600 多座核电站。

核电站的好处多多，但在使用中也出现了许多问题。最大的问题就是：在核电站运行过程中会产生大量的核废料，这些核废料具有强烈的放射性，必须谨慎处理，一旦处理不当发生事故，后果足以抵得上原子弹爆炸。

拓展

人类使用能源的历史

① 植物能源时代

人类学会了钻木取火，薪柴是主要能源。

② 化石能源时代

蒸汽机和内燃机的先后问世，使煤炭、石油和天然气等化石燃料需求大大增加。

③ 新能源时代

以风能、核能、太阳能等清洁、可再生能源为主的能源使用新浪潮即将到来。

1986 年 4 月 26 日，位于乌克兰的切尔诺贝利核电站第四号反应堆发生了爆炸。连续的爆炸引发了大火，大量的高能辐射物质散发到了空气中，辐射剂量是第二次世界大战时广岛原子弹的 400 倍。事故造成了约 9 万人死亡、27 万人致癌，经济损失超过 2000 亿美元。直到今天，切尔诺贝利核电站所在的普里皮亚季城犹如一座鬼城。

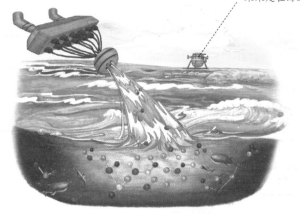
未来建在海边的核聚变核电站

可控核聚变

核电站会有如此大的隐患，是因为到目前为止的核电站采用的都是核裂变技术。根据爱因斯坦质能方程，核聚变同样可以释放出巨大能量，人们又把目光投向了核聚变。

我们最熟悉的太阳，就是靠着核聚变反应给我们送来了源源不断的光和热。早在1954年美国就已经完成了核聚变实验，也就是氢弹爆炸。氢弹是一种比原子弹还要可怕的武器，因为这种核聚变是不可控的。

要想让核聚变为人类造福，就必须实现可控核聚变。

可控核聚变比起现在的核裂变核电站来好处要多多了。

首先，核聚变释放的能量比核裂变要大得多。相同质量的原料，核聚变释放出来的能量是核裂变的几十倍。

其次，核聚变的原料丰富且便宜。核裂变要使用铀235作为原料，而铀235在地球上的储量有限且开采不易，而核聚变的原料氘或氚（氢的同位素）在海水中是取之不尽的。

再次，核聚变比较"干净"。核聚变不会像核裂变那样产生放射性物质，它产生的是惰性气体氦。

更重要的是，核聚变安全。核聚变要在非常高的温度下进行，不管什么环节出现问题，一旦造成温度下降，核聚变就会立刻停止，绝对不可能发生切尔诺贝利核电站那样的事故。

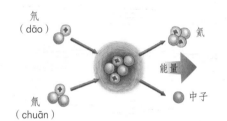

核聚变产生能量的原理

取之不尽的氘

1升海水中就含有0.03克氘，所以地球上仅在海水中就有45万亿吨氘。1升海水中所含的氘，经过核聚变可提供相当于300升汽油燃烧后释放出的能量。地球上蕴藏的核聚变能量约为蕴藏的可进行核裂变元素所能释放的全部核裂变能量的1000万倍，足够让人类使用几百亿年了，即便太阳不再发光，我们也有用之不竭的能源。

新一代"人造太阳"
——中国环流器二号M

虽然可控核聚变的前景非常光明，但要实现应用还有很长的一段路要走。

1954年，人们就开始研究可控核聚变，可是收效甚微。1985年，苏联、美国、日本和欧洲一些国家打算联合攻克这个难关，建立了"国际热核聚变实验堆（ITER）计划"。2006年，中国加入了这个项目。

2020年12月4日，被称为"新一代人造太阳"的中国环流器二号M在成都建成并首次放电，虽然这距离可控核聚变的实际应用还很遥远，但也为我国核聚变反应堆的自主设计与建造打下了坚实基础。

32 量子计算机

计算机自诞生以来，就展现了惊人的运算能力。

第一台电子计算机 ENIAC 就相当于 1000 人的运算能力，这在当年是很惊人的运算能力了。不过，在今天看来还不如我们手中一部小小的手机。而手机的计算能力比起超级计算机来，又是小巫见大巫了。

目前，世界排名第一的日本超级计算机"富岳"，其运算速度已经达到了 44.2 亿亿次 / 秒，它每秒的计算量需要全世界所有人一起算 100 年。

运算能力大比拼

一群人

第一台计算机

现在一台普通的计算器

地球上所有人算 100 年　　超级计算机"富岳"

提高计算机运算能力的方法

第一种是把计算机做大，这种方法很早就被否定了。因为第一台电子计算机足足有三居室那么大，而运算能力也不过相当于 1000 人，若要达到现在超级计算机的运算能力，那么计算机就要做到月球那么大了，这当然是不现实的。

第二种是将计算机芯片做小，芯片的集成度不断提高。这是传统计算机一直在走的路，不过现在也遇到了难题。为了提高芯片上集成电路的密度，人们将晶体管越做越小，当晶体管小到只有一个电子大小时，就会出现量子隧穿效应。在传统计算机制造的道路上，这是一个无法逾越的障碍。所以，在 1982 年，理查德·费曼提出了量子计算的想法，一种新的计算机——量子计算机登场了。

计算机组

月球　　地球

芯片　　晶体管

什么是量子计算机

量子是物理量的最小单元，它以某种粒子状态存在，比如光子，一个光子就是一个量子。

量子计算机就是遵循量子力学规律进行高速数学和逻辑运算、存储及处理量子信息的物理装置。它以量子比特为基本运行单元，和传统计算机只能处于 0 或 1 的二进制状态不同，量子比特可以同时处于多个状态，从而具有比传统计算机更为强大的并行计算能力。

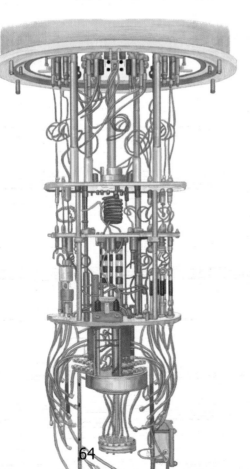

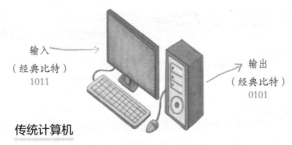

传统计算机

输入（经典比特）1011

输出（经典比特）0101

用 0 和 1 存储与处理数据，俗称经典比特。

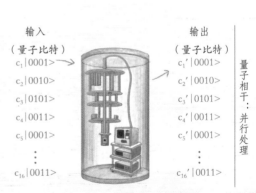

输入（量子比特）
$c_1|0001\rangle$
$c_2|0010\rangle$
$c_3|0101\rangle$
$c_4|0011\rangle$
$c_5|0001\rangle$
$\vdots$
$c_{16}|0011\rangle$

输出（量子比特）
$c_1'|0001\rangle$
$c_2'|0010\rangle$
$c_3'|0101\rangle$
$c_4'|0011\rangle$
$c_5'|0001\rangle$
$\vdots$
$c_{16}'|0011\rangle$

量子相干：并行处理

量子计算机

量子比特允许"叠加态"共存，可以同时是 0 和 1，从而拥有更强大的并行计算能力。

量子计算机的应用领域

预报天气

量子计算机强大的运算能力可以在同一时间对大量天气信息进行分析，就可以得知精确的天气变化情况。

新药开发

量子计算机能描绘数以亿万计的分子组成，并选出其中最有可能的方法，这样一来，新药的研发就变成一件轻而易举的事情。

破解密码

不管多么复杂的密码，对于量子计算机来说都是小菜一碟。就拿我们最常见的6位密码来说吧，要是都是数字组合，就会有100万个不同密码，假设每秒试1次，11.6天就能试完所有组合。但量子计算机的运算速度实在太快了，只需要不到1秒就能完成。

指导交通

量子计算机的大数据计算，可以监控城市中每个人、每辆车的运动状态。

材料设计

量子计算机在解决材料学和化学的复杂问题上具有很强的适用性。

人工智能

量子计算机有望实现深度人工智能场景，从而更有效地执行复杂的任务，推动人工智能领域的发展。

量子计算机的未来

虽然量子计算机如此美好，但是现在还不能像传统计算机那样走进千家万户，要想达到这一步，还有很长很长的路要走。

⊶ 拓展 ◄

中国量子计算新突破

2020年12月4日，中国人建成了自己的量子计算原型机"九章"，这是世界首台超越早期经典计算机的光量子计算机。"九章"处理特定问题的速度比目前世界排名第一的超级计算机"富岳"快100万亿倍，成功到达了量子计算领域的第一个里程碑——量子计算优越性。这对于量子计算机来说是一小步，对于人类来说却是一大步。

图书在版编目（CIP）数据

孩子读得懂的科学简史 / 李朝晖, 李雨轩著 ; 武丽
霞绘. -- 北京 : 北京理工大学出版社, 2022.2
ISBN 978-7-5763-0837-2

Ⅰ.①孩… Ⅱ.①李… ②李… ③武… Ⅲ.①自然科
学史—世界—少儿读物 Ⅳ.①N091-49

中国版本图书馆CIP数据核字（2022）第010882号

出版发行 / 北京理工大学出版社有限责任公司			
社　　址 / 北京市海淀区中关村南大街 5 号			
邮　　编 / 100081			
电　　话 / （010）68914775（总编室）			
（010）82562903（教材售后服务热线）			
（010）68944723（其他图书服务热线）			
网　　址 / http://www.bitpress.com.cn			
经　　销 / 全国各地新华书店			
印　　刷 / 唐山才智印刷有限公司			
开　　本 / 787 毫米 × 1200 毫米　　1/12			
印　　张 / 6.5			责任编辑 / 李慧智
字　　数 / 90千字			文案编辑 / 李慧智
版　　次 / 2022 年 2 月第 1 版　2022 年 2 月第 1 次印刷			责任校对 / 刘亚男
定　　价 / 78.00元			责任印制 / 施胜娟

图书出现印装质量问题，请拨打售后服务热线，本社负责调换